Dinosaurier-Killer

von

Alexander Popoff

Ein Asteroid hat die Dinosaurier ausgerottet?
Soll das ein Witz sein?

Der Ausrottungsmechanismus des K-Kometen
148 Theorien zur Ausrottung der Dinosaurier

Dinosaurier-Killer

original title Dinosaur Killers
Copyright © 2014 by Alexander Popoff
All Rights Reserved

Aus dem Amerikanischen
von Bárbara Hämmerle López-Francos, PhD in
Biology

www.alexanderpopoff.com

Published in the United States of America

Andere Bücher von Alexander Popoff:

Der Djatlow-Pass Vorfall: Eine Untersuchung, die alle verwirrenden Fakten erklärt

Das Verborgene Alpha

Inhalt

Einleitung

Als ich an meinem Buch *Das verborgene Alpha* gearbeitet habe, stolperte ich mehrmals über die Möglichkeit der Auslöschung der menschlichen Zivilisation.

Das Leben auf der Erde, einschließlich das aller menschlichen Individuen, ist ständig gefährdet, zerstört zu werden aufgrund einer Reihe von Gefahren: ein weltweiter Atomkrieg, High-Tech-Industrie und Laborunfälle, Nuklearterrorismus, unfreundlich gesinnte außerirdische Besucher, eine vom Menschen verursachte globale Erwärmung, tödliche Kontamination durch außerirdische Mikroorganismen, gefährliche wissenschaftliche Experimente, usw. Die Liste der existentiellen Risiken ist lang genug, und wird mit der Zeit noch länger.

Es wird uns auch oftmals erzählt, dass die Menschheit von einem Asteroiden zerschlagen werden kann, wie der, der die Dinosaurier getötet und deren evolutionäre Weiterentwicklung zum Stillstand gebracht hat.

In der Tat waren mehrere Dinosaurier-Arten sehr menschenähnlich: sie standen ungefähr zwei Meter hoch auf ihre beiden Hinterbeinen, und sie hatten eine relativ große Hirnschale und Hände mit opponierbaren Daumen. Ihre Vorderbeine mit drei schlanken, flexiblen Fingern waren bereit, als Hände eingesetzt zu werden.

Viele Wissenschaftler glauben, dass, wenn die Dinosaurier sich weiter entwickelt hätten, sie wahrscheinlich anspruchsvolle Gehirne entwickelt und eine Zivilisation gegründet hätten, wobei sie auf dem Mond gelandet wären und sechsundsechzig Millionen Jahre vor uns den Weltraum durchstreift hätten. Mit einem derart enormen Vorsprung, könnten die Dinosaurier, wenn sie nur etwas mehr Zeit gehabt hätten, um sich zu entwickeln, jetzt die Meister der gesamten Galaxie sein.

Und die menschliche Zivilisation würde niemals auf der Erde existieren.

Larry Niven, von Arthur Clarke in einem Inter-view zitiert, erklärte, dass "die Dinosaurier ausgestorben seien, weil sie kein Raumfahrtprogramm hatten."

Auch wenn sie über Millionen von Jahren eine dominante Art waren, konnten sich die Dinosaurier nicht retten.

Das, geologisch gesehen, fast augenblickliche Aussterben der meisten Arten auf der Erde am Ende der Kreidezeit wirft wichtige Fragen auf, über das menschliche Schicksal und das Überleben unserer Zivilisation. Um den Untergang der

Menschheit zu verhindern, sollten wir genau wissen, was vor sechsundsechzig Millionen Jahren passiert ist und, noch wichtiger, wie möglicherweise ähnlich verheerende Katastrophen zu verhindern sind.

Vor allem sollten wir auch berücksichtigen, dass die Anzahl der existentiellen Risiken für die Menschheit steigt.

Angesichts der Möglichkeit der Ausrottung der Menschheit und mit dem tragischen Beispiel der Vernichtung der Dinosaurier vor Augen, befürworten einige Wissenschaftler die Kolonisation des Weltraums als den einzigen Weg für unsere Zivilisation, um zu überleben, denn unser Planet ist ein sehr gefährlicher Ort zum Leben, und in naher Zukunft wird er sogar zu einem noch riskanteren Fleck werden, als Folge der schnellen Entwicklung von gefährlichen High-Tech-Technologien, einschließlich ihrer militärischen und terroristischen Auswirkungen, und der unvermeidlichen außerirdischen Besucher. Auch Aliens entwickeln sich, so wie die Menschen, und auch sie haben ihre herausfordernden Weltraumprogramme. Sie könnten die Menschheit versehentlich oder auch absichtlich vernichten. Hochentwickelte, außerirdische, kosmische Zivilisationen könnten die Menschheit ausmerzen, um unsere Goldilocks-Erde, den Mars und den

Mond zu besiedeln. Solche Planeten wie die Erde sind eine Seltenheit im Weltraum und sie sind für raumfahrende Zivisiationen von großem Wert und sehr gefragt. Wenn die Menschen beginnen den Weltraum zu durchstreifen, werden sich auch unsere Nachkommen auf die Suche nach geeigneten Planeten machen, um sie zu besiedeln.

Stephen Hawking sagte: "Ich glaube nicht, dass die Menschheit die nächsten tausend Jahre überleben wird, es sei denn wir breiten uns im Weltraum aus. Es gibt zu viele Unfälle, die dem Leben auf einem einzigen Planeten widerfahren können."

"Während des nächsten Jahrtausends besteht ein wesentliches Risiko, dass die Zivilisation auf der Erde von einem Asteroiden, einer tödlichen Seuche oder einem weltweiten Krieg zerstört wird. Eine Kolonie vom Mars könnte die Flamme der Zivilisation und Kultur lebendig halten, bis die Erde vom Mars rückbesiedelt werden könnte", sagte Paul Davies im Jahr 2004 der *New York Times*.

Carl Sagan schrieb in seinem Buch *Blauer Punkt im All. Unsere Heimat Universum*: "Da, auf lange Sicht jede planetarische Zivilisation von den Einflüssen aus dem Weltraum bedroht sein wird, wird jede überlebende Zivilisation dazu verpflichtet sein, eine raumfahrende Zivilisation zu werden."

Eine große und sehr lautstarke Gruppe von Leuten aus dem akademischen Gewerbe und dem Unterhaltungsbusiness versichern uns, dass die Dinosaurier von einem Asteroiden vernichtet worden seien und dass ein solcher Raumkörper in der Lage sei, die Menschheit auszulöschen.

Aber war wirklich ein Asteroid der wahre Schuldige für das Aussterben der Dinosaurier, der dominanten Spezies des Mesozoikums? Ist ein solcher Raumkörper wirklich in der Lage unsere Zivilisation auszulöschen?

Die Menschen sollten ein realistischeres Bild von den Gefahren haben, die in der Vergangenheit eingetreten sind, um besser darauf vorbereitet zu sein, jetzt und in der nahen Zukunft zu überleben. Sollte die Menschheit überleben, würden sich unsere Nachkommen um die ferne Zukunft kümmern.

Ich habe zum Thema der Ausrottung der Dinosaurier meine eigene Forschungsarbeit gestartet, weil die, unter den Gelehrten weit verbreitete Asteroid-Theorie mit zu vielen Problemen behaftet ist.

Die Asteroid-Theorie ist nicht der Lage, viele Einzelheiten über die Ereignisse des Massenaussterbens der Kreidezeit zu erklären, wie z.B. die Präsenz außerirdischer Aminosäuren im Boden, typisch für Meteoriten über Zehntausende von Jahren vor und nach dem Einschlag, der Verlust eines Teils der Erdatmosphäre, die vielfachen Schichten von Iridium und außerirdischen Aminosäuren vor und nach dem Einschlag, der außerirdische Ruß in der Grenzschicht und viele andere Besonderheiten.

Die Forscher berichteten, dass sie Isovalin und Aminoisobuttersäure gefunden hatten, das über zehntausende von Jahren **vor** und **nach** der Katastrophe der Kreidezeit abgelagert worden war. In der Grenztonschicht selbst gibt es keine derartigen Aminosäuren. Einige Meteoriten sind reich an organischen Stoffen, aber wie wurden diese Aminosäuren ständig aus dem Weltraum geliefert, über so einen langen Zeitraum (etwa 100.000 Jahre) und was für ein Zusammenhang besteht zur Ausrottung der Dinosaurier? Warum gibt es keine derartigen Aminosäuren in der Grenztonschicht selbst?

Der Chicxulub-Asteroid konnte die außerirdischen Aminosäuren von zehntausenden von Jahren vor und nach dem Einschlag nicht herbeibringen.

Die Iridium-Anreicherung, angeblich ein Schlüsselbeweis für den Asteroideneinschlag, bereitet ebenfalls Probleme.

Die Forscher berichten von Funden an Standorten, wo Iridium in mehr als nur einer Schicht abgelagert ist, wie es bei einem Asteroideneinschlag der Fall sein sollte. Sind mehrere Asteroideneinschläge dafür verantwortlich? Vielleicht sind einige Asteroiden gewesen, die vor und nach dem Haupteinschlag, der die Dinosaurier vernichtet hat, eingeschlagen sind? Und woher kamen das Iridium und die außerirdischen Aminosäuren zwischen den Einschlägen?

Zum Beispiel im Lattengebirge, in den Bayerischen Alpen, gibt es drei Iridiumanomalien, über und unter der Grenzschicht. Die älteste Anomalie datiert zwischen 9.000 und 14.000 vor der Grenzschicht.

Dewey McLean zufolge, gibt es an den folgenden Standorten mehrere Iridiumschichten: Nanxiong Basin, Südchina - 6 Peaks, Braggs, Alabama - 3 Peaks, Brazos River, Texas - 2 Peaks, El Kef, Tunesien - 2 Peaks, Beloc, Haiti - 2 Peaks.

Günther Graup und Bernhard Spettel vom Max-Planck-Institut schrieben: "Mehrere Ir- (Iridium-) Anomalien stehen im Widerspruch zu den meisten bekannten K/T-Abschnitten, die durch einen einzigen Ir-Peak gekennzeichnet sind."

"Die Verteilung der Ir-Anomalien ist ein Beleg für episodische, Ir–befördernde Ereignisse über einen längeren Zeitraum."

"In den K/T-Sedimenten im Lattengebirge sind keine Anzeichen eines Einschlags zu finden."

Da es keine Beweise für Asteroideneinschläge gibt, kamen Graup und Spettel zu dem Schluss, dass die Iridium-Anreicherung auf eine allgemeine Ursache ohne Einschlag zurückzuführen sei, und sie dachten, das wäre ein Vulkan.

Es wurden keine Krater gefunden, als Folge der hypothetischen mehrfachen Asteroideneinschläge, es gibt keine Schichten mit geschocktem Quarz, die auf Einschläge hindeuten, es gibt auch keine mehrfachen Ausrottungsereignisse, auch keine unbedeutenden.

Aber die Vulkan-Hypothese kann weder die Anreicherung mit außerirdischen Aminosäuren erklären, die sich mit der Iridium-Anreicherung deckt, noch die großen Mengen an außerirdischen Fullerenen (eine Kohlenstoffform) in der Grenzschicht usw.

Ein weiteres Problem: Die Tektite (kleine Stücke aus Naturglas, die sich bei Einschlägen von Boliden bilden) verringern sich in ihrer Größe mit zunehmendem Abstand von der Einschlagstelle, bis sie überhaupt nicht mehr vorhanden sind, aber "die positive Ir-Anomalie wurde an 85 Standorten dokumentiert und scheint sich auf der ganzen Welt gleichmäßig verbreitet zu haben. Die Konzentration ändert sich nicht systematisch mit der Entfernung vom Krater", schrieben Philippe Claeys, Wolfgang Kiessling und Walter Álvarez in ihrem Artikel *"Distribution of Chicxulub ejecta at the Cretaceous-Tertiary boundary."*

Wenn es ein Asteroideneinschlag war, sollten die Iridium-Mengen dem gleichen Verteilungsmuster wie die Tektite folgen. Warum hat sich Iridium auf der ganzen Welt gleichmäßig verbreitet, während sich die Tektite mit zunehmendem Abstand von der Einschlagstelle in ihrer Größe verringern, bis sie überhaupt nicht mehr vorhanden sind? Ein Asteroiden-Einschlag kann wohl kaum zu einem solch eigenartigen Verteilungsmuster führen.

Jason Moore und Mukul Sharma vom Dartmouth College in New Hampshire sammelten alle veröffentlichten Daten über Iridium- und Osmiumanteile aus der Grenzschicht. In ihrer letzten Untersuchung waren die Gesamtmengen von Iridium und Osmium viel geringer als diejenigen, die Wissenschaftler jahrzehntelang herangezogen hatten, was auf einen kleineren Impaktor hinweist. "Aber ein Asteroid dieser Größe würde keinen Krater eines Duchmessers von 200 km ergeben", schrieb Moore.

Also, wodurch wurde dieser riesige Krater hervorgerufen, wenn nicht durch einen Asteroiden?

Es hat auch andere Asteroideneinschläge gegeben, die riesige Krater erzeugt hatten, ohne, dass es dabei zur Ausrottung irgendeiner Art gekommen war.

"Aber das Problem bei dieser Theorie ist, dass wir viele große Krater von etwa 100 Kilometer Durchmesser haben, die von Asteroiden verursacht wurden und keineswegs mit Ausrottungen in Verbindung gebracht werden", sagte Shanan Peters, Professor für Geologie.

Einige Forscher sind der Meinung, dass Asteroiden der Größe des Chicxulub einfach zu klein sind, um eine Massenausrottung zu verursachen.

Ein Asteroid der Größe des Chicxulub-Meteoriten ist nicht in der Lage, die menschliche Zivilisation auszulöschen (oder eine Massenausrottung zu verursachen) trotz der Behauptungen so vieler Wissenschaftler, Zukunftsforscher, Science-Fiction-Schriftsteller und Filmemacher. Ja, er wird enorme Schäden verursachen, aber Dinosaurier und Menschen werden überleben und gedeihen.

Also, was könnte einen solch riesigen Krater und die Massenausrottung verursacht haben, wenn es nicht ein Asteroid gewesen ist? Was könnte, vor und nach dem Einschlag, Aminosäuren und Iridium aus dem Weltraum herbeigebracht haben? Was könnte, während des Einschlags, große Mengen an Fullerenen und Ruß aus dem Weltraum herbeigebracht haben?

In zahlreichen wissenschaftlichen Artikeln wurde von einem hohen Rußgehalt in der Grenztonschicht berichtet. Die Asteroid-Theorie besagt, dass sich in der Nähe der Einschlagstelle durch den Einschlag des Feuerballs Flächenbrände entzündet hatten, während sie sich weltweit durch die Strahlung nach der Rückkehr der überschnellen Ejecta entzündeten.

Hier ist das Problem, dass der meiste Ruß in der Grenzschicht spezifisch ist, als wäre er von brennendem Erdöl oder anderen Kohlenhydrate hervorgerufen. Was war das geheimnisvolle Material, das brannte und zum großen Teil des Rußmaterials beigetragen hatte und die gesamte Oberfläche der Erde bedeckte? Einige Interpretationen deuteten an, dass der Ruß aus Kohlenhydraten aus der Verbrennung fossiler Brennstoffe wie Erdöl, Kohle oder Ölschiefer in der Nähe der Stelle des Chicxulub-Einschlags stamme. Aber das homogene Verteilungsmuster und die Zusammensetzung des Rußes unterstützen eine derartige Hypothese nicht. Zweitens, die Erforschung der Edelgase in den Fullerenen aus Grenzton-Proben hat bestätigt, dass sie außerirdischen Ursprungs sind und nicht durch Flächenbrände hervorgerufen worden sind.

Die Asteroid-Hypothese ist sehr nett und aufreizend, und auch sehr filmisch, aber sie ist nicht in der Lage, alle Besonderheiten der massiven Ausrottung in der Kreidezeit auf befriedigende Weise zu erklären.

Das Bild der Katastrophe aus der Kreidezeit ist viel zu reichhaltig und zu kompliziert für ein derart vereinfachtes Bild, das von den Verfechtern des Asteroideneinschlags unterstützt wird.

Nur die K-Komet-Theorie (K für Kreidezeit, oder Killer) ist in der Lage, alle Besonderheiten der Ausrottung am Übergang der Kreidezeit zum Paläozän zu erklären.

Dinosaurier und Menschen könnten den Chicx – ulub-Asteroiden überleben, aber sie haben es nicht geschafft, die K-Komet-Ereignisse zu überleben.

Im Folgenden erhalten Sie einen Überblick über einige Theorien, die sich darum bemühen, dieses große Rätsel der Naturgeschichte unseres Planeten zu erklären.

Beim Lesen sollten Sie im Hinterkopf behalten, dass, was auch immer die Dinosaurier vernichtet hat, sowie alle übrigen ausgerotteten Arten, auch die Menschheit auslöschen könnte.

Andererseits wären wir ohne deren Ausrottung nicht hier.

Der Ausrottungsmechanismus des K-Kometen

Die Kreide-Paläogen (K-P) Grenze, die früher als Kreide-Tertiär (K-T) Grenze bezeichnet wurde, markiert die Grenze zwischen der Welt des Mesozoikums und der Post-Dinosaurier-Ära. Es handelt sich dabei um eine dünne, graue, gelbliche oder rötliche Linie von ungefähr ein paar Millimetern bis zu 1-2 cm, und man findet sie als eine einheitliche Schicht auf der ganzen Erde.

Sie stimmt mit der Massenausrottung am Ende der Kreidezeit überein. Oberhalb dieser Grenzschicht gibt es keine Dinosaurier. Ungefähr 75% der Arten aus der Kreidezeit verendeten bei den katastrophalen Ereignissen.

Das Ausrottungsereignis infolge des Impakts ist auf dem gesamten Planeten sehr gut erfasst.

DREI-METER-LÜCKE

Eine der umstrittensten Fragen in der Paläontologie dreht sich um die Drei-Meter-Lücke in dem fossilen Fund unmittelbar vor der Grenzschicht. Der Fossilienbestand zeigt einen offensichtlichen Mangel an Dinosaurier-Fossilien vor dem Massenaussterben. Einige Wissenschaftler legen nahe, dass diese Drei-Meter- Lücke belegt, dass die Dinosaurier lange vor den katastrophalen Ereignissen bereits ausgestorben waren.

Im Jahr 1993 berichteten John Horner und Don Lessem, dass innerhalb von etwa drei Metern unter der Grenze in Montana keine Dinosaurierreste gefunden worden sind. Sie nannten dies die Drei-Meter-Lücke, und deuteten an, dass diese vielleicht 100.000 Jahre darstellen könnte. Einige Forscher glauben, dass dies die Idee befürwortet, dass es sich bei der Massenrottung eher um ein allmähliches als um ein plötzliches Ereignis handelte.

Abermillionen von Tieren, darunter mehrere Milliarden von Dinosauriern, sollen während des Einschlags selbst und bald darauf gestorben sein. Warum gibt es keine Anhäufung von großen Mengen an Knochen an der Grenze? Die Erde sollte übersät sein von unzähligen kleinen und großen Knochen. Am Ende der Kreidezeit ist die Gesamtbiomasse der Arten (auch Kilogramm Tierfleisch pro Quadratkilometer) reichlicher gewesen als jetzt. Wenn die meisten der Kreaturen in einer sehr kurzen Zeit weggestorben sind, sollten Land,

Meere, Flüsse und Ozeane mit Leichen bedeckt sein. Knochen können nicht einfach so verschwinden. Was geschah mit den Dinosauriern und den anderen Tieren der Kreidezeit? Sind sie schon lange vor dem Impaktereignis verschwunden, wie viele Forscher vermuten?

Im Jahr 1997, hatte Gregory Retallack, Paläontologe und Bodenwissenschaftler an der Universität von Oregon, in seinem Artikel "*Dinosaurs and Dirt*" vorgeschlagen, dass die Lücke auf sauren Regen zurückzuführen sei, der Knochen und Fossilien nach dem Einschlag aufgelöst hatte. Er schrieb: "In kalkhaltigen oder smektitischen Paläoböden, die, bei ihrer Bildung in der chemischen Reaktion alkalisch waren, ist Knochen reichlich vorhanden, aber Knochen löst sich in sauren Böden und Laubstreu."

Nach dem Meteoriteneinschlag am Ende der Kreidezeit gab es Laubstreu, alle Art von Pflanzenresten, heftigen, sauren Regen, übersäuertes Wasser, Fäulnis und tierische Körper in gewaltigen Mengen.

Vivi Vajda und Stephen McLoughlin schrieben in ihrem Artikel "*Fungal Proliferation at the Cretaceous-Tertiary Boundary*", dass während eines sehr kurzen Zeitraums von ein paar Jahren, Pilze und andere Saprophyten, die auf toten Tieren und Pflanzen leben, die dominierende Lebensform auf der Erde gewesen sein mussten. "Diese pilzreiche Zeitspanne impliziert ein massenhaftes Absterben der Vegetation an der photosynthetischen KT-Grenze in dieser Region."

Nicht photosynthetische Pflanzen wie Pilze waren in der Lage zu gedeihen und zu dominieren.

Die ganze Erde war ein gigantischer Komposthaufen aus Vegetationsresten und toten Tieren, die den, in saurem Regen eingeweichten Debris mit Myriaden von Pilzen abbauten.

Dies könnte eine Antwort geben, auf die häufig gestellte Frage, wo die Haufen von Knochen von den Milliarden riesiger Tiere zu finden sind, die in der Katastrophe ums Leben gekommen sind. Sie wurden aufgelöst, genau so wie Eierschalen in Essig.

Der saure Regen hat auch den größten Teil der Knochen und die Fossilien der Tiere, die in den vorherigen Jahrtausenden gestorben waren, aufgelöst. Marmor, Kalkstein, Sandstein und neu gebildeten Fossilien können von saurem Regen sehr leicht aufgelöst werden.

Forscher haben beobachtet, dass saurer Regen aus Vulkanausbrüchen in weiten Bereichen ebenfalls Tierknochen vernichtet. Es ist durchaus möglich, dass Lavaströme der Deccan Trapps auch ihren Beitrag an den sauren Regen geleistet haben.

In ihrem Artikel *"Dinosaur extinction: closing the '3 m gap"*, berichteten Tyler R. Lyson und sein Team, in der Zeitschrift *Royal Society journal Biology Letters,* über ihre Entdeckung von einem markanten Stirnhorn eines Ceratopsiandinosauriers, nur 13 Zentimeter unter der Grenze.

Sie schrieben: "Die Probe vor Ort zeigt, dass es keine Lücke gibt, die frei ist von nichtvogelartigen Dinosaurier-Fossilien und sie ist auch nicht vereinbar mit der Hypothese, dass die nichtvogelartigen Dinosaurier bereits vor dem Impaktereignis an der KT-Grenze ausgestorben waren."

Auf der anderen Seite gibt es keine drei Meter Lücke, wenn man Fußspuren berücksichtigt. In ihrem Buch *Dinosaur Tracks and Other Fossil Footprints of the Western United States*, 1995, schrieben Martin Lockley und Adrian Hunt, dass in einer Sandstein-Felswand nur 37 cm (weniger als 15 Zoll) unter der KP-Grenzschicht, in der Nähe von Ludlow, Colorado eine Reihe von Spuren von Hadrosauriern und Ceratopsiden gefunden worden sind.

Weitere Dinosaurierspuren wurden auch in der 3-Meter-Lücke gefunden.

Die Fußabdrücke der Dinosaurier scheinen widerstandsfähiger gegenüber Säure zu sein, als versteinerte Knochen.

Zusammenfassend lässt sich sagen, dass es Dinosaurier bis zum äußersten Ende vor den katastrophalen Ereignissen gegeben hat, sowie lang anhaltenden, massiven, sauren Regen.

KREIDE-PALÄOGEN GRENZSCHICHT

Zunächst sollten wir herausfinden, worum es sich bei diesem ungemein gewaltigen Ereignis handelte, das in der Lage war, weltweit eine Grenzschicht aus Ton zu hervorzurufen: ein Asteroid (wie die meisten Wissenschaftler glauben), ein Komet, massive vulkanische Aktivität, oder irgendetwas anderes? Und was könnte über einen längeren Zeitraum heftigen sauren Regen verursachen? Theorien, die nicht in der Lage sind, die Bildung einer weltweiten Grenzschicht und den heftigen sauren Regen vorherzusagen, sollte man nicht berücksichtigen. Es gibt auch viele andere Kriterien, wenn es darum geht, Theorien über die Ausrottung der Dinosaurier beiseitezulegen.

Die Grenzschicht könnte uns mitteilen, wodurch die Katastrophe der Kreidezeit verursacht wurde. Álvarez und sein Team haben nahegelegt, dass es sich dabei um eine Mischung aus terrestrischem und extraterrestrischem Gesteinsstaub handelt. Die Grenzschicht wurde aus ausgestoßenem Staubmaterial gebildet, das aus der Atmosphäre ausgefallen war.

Im Jahr 1980 veröffentlichten Luis Álvarez, sein Sohn, der Geologe Walter Álvarez, die Chemiker Frank Asaro und Helen Michels in dem Artikel *"Extraterrestrial Cause for the Cretaceous-Tertiary Extinction"*, die Entdeckung von Iridium in der Grenzschicht und ihre Asteroidentheorie zur Massenausrottung. Sie haben herausgefunden, dass die Iridiumkonzentration im Grenzton um ein Vielfaches größer ist als die normale Konzentration, also 30 mal in Italien und 160 mal in Stevns, Dänemark. Ihre Hypothese legt nahe, dass ein Asteroid die Erde getroffen hat, einen riesigen Krater geschaffen hat und, dass ein Teil des Materials aus dem Krater in Form von Staub ausgestoßen wurde und die Stratosphäre erreicht hat. Dann wurde dieser über die ganze Welt verstreut und verhinderte dadurch, dass das Sonnenlicht die Oberfläche erreichte, und das über mehrere Jahre, bis er sich abgesetzt hat. Das reduzierte Licht führte zu der Vernichtung der Pflanzenmasse, was einen Zusammenbruch der Nahrungsketten zur Folge hatte.

Es gab noch andere, frühere Vermutungen eines Impaktereignisses, aber es sind zu dieser Zeit keine Beweise aufgedeckt worden. Im Jahr 1956 veröffentlichte M.W. De Laubenfels von dem

Oregon State College im *Journal of Paleontology* den Artikel *"Dinosaur Extinction: One More Hypothesis"*, seine Idee, dass die Massenaurottung von einem extraterrestrischen, "extra großen Körper" verursacht worden war.

Wodurch wurde die Grenzschicht zwischen den beiden Epochen hervorgerufen?

Gerta Keller und ihr Team, die Autoren des Artikels *"Chicxulub impact predates K–T boundary: New evidence from Brazos, Texas"*, in der Zeitschrift *Earth and Planetary Science Letters*, veröffentlichten im Jahr 2007 den Anspruch, dass ihre Forschung deutliche Hinweise darüber liefere, dass der Chicxulub-Einschlag schon vor der KT-Grenze datiere und die Iridium-Anomalie etwa 300.000 Jahren vorher und, dass dies mit ihren früheren Beobachtungen im Einklang stehe.

Sie legten nahe, dass es zwei Einschläge gegeben hat. Der erste Asteroid brachte den riesigen Chicxulub-Krater hervor, aber er verursachte kein Aussterben von Arten. Dieser Theorie zufolge, wurden die Iridiumanreicherung und die weltweite Grenzschicht von einem zweiten Asteroiden verursacht, dessen Krater noch immer unbekannt ist. Der erste Asteroid schuf den Chicxulub-Krater, aber er hat nicht mehr als ein riesiges Loch hervorgerufen. Nach dem Einschlag lebten alle Tiere frisch und munter weiter, es gab kein Iridium und es gab auch keine Grenzschicht. Das große Aussterben stand noch etwa 300.000 Jahre bevor.

Hätte es zwei Asteroideneinschläge gegeben, müsste es zwei Krater und zwei Auswurfschichten geben. Dennoch hat die Wissenschaft bislang noch keine zweite Ejektalage gefunden.

Unter den Wissenschaftlern stösst Keller's Theorie auf Ablehnung, mit dem Argument, dass die Schicht auf der Oberseite der Impakt-Glaskügelchen einer Tsunami-Aktivität als Folge des Meteoriteneinschlags, zuzuschreiben sei.

Es wird auch behauptet, dass die jüngsten Kernbohrungen am Chicxulub darauf hinweisen, dass der Krater durch einen ganz bestimmten Vulkanausbruch hervorgerufen wurde.

Paul R. Renne et al. äusserten im Jahr 2013 in ihrem Artikel *"Time Scales of Critical Events Around the Cretaceous-Paleogene Boundary,"* in der Zeitschrift *Science*: "Das, in den geologischen Gegebenheiten der Erde offenkundige, massive Aussterben war ein Wendepunkt in der biotischen Evolution. Wir präsentieren 40Ar/39Ar-Daten, welche die Synchronie zwischen der Kreide-Paläogen-Grenze und dem, damit verbundenen massiven Aussterben mit dem Chicxulub Meteoriten-Einschlag innerhalb von 32.000 Jahre beweisen."

Die Autoren berichteten, dass ihre bevorzugte absolute Altersgrenze für die Kreidezeit bei 66,043 Millionen Jahren liegt.

Sie äußerten: "Demnach wird die Hypothese, dass der Chicxulub-Einschlag 300.000 Jahre älter ist als die KPG von unseren Daten nicht unterstützt."

KPG steht für Kreide-Paläogen-Grenze.

Paul R. Renne et al. schrieben: "Wir weisen darauf hin, dass die kurzen Kälteeinbrüche in der jüngsten Kreidezeit, wenn auch nicht unbedingt von außerordentlicher Größe, für ein globales Ökosystem, das sich dem vorhergehenden, langfristigen Treibhausklima der Kreidezeit gut angepasst hatte, dennoch sehr aufreibend waren."

Dies ist eine sehr wichtige Beobachtung, die auch von vielen anderen Forschern berichtet wurde: kurz vor den katastrophalen Ereignissen gab es eine Abkühlung des Klimas. Wir sollten eine Verbindung zwischen "den kurzen Kälteeinbrüchen in der späteren Kreidezeit" und dem Übeltäter finden. Könnte ein Asteroid die Temperaturen in der Welt zehntausende von Jahren vor dem Einschlag herabsetzen? Nein? Was war es dann?

Vielleicht könnte uns die Grenzschicht einige Fragen beantworten.

Der Grenzton enthält:

1. Hohe Konzentrationen von Metallen der Platingruppe, einschließlich Iridium. Diese Elemente sind normalerweise sehr selten in terrestrischen Felsen, aber sie sind viel häufiger in Meteoriten, Mondgestein , usw. Iridium ist extrem selten in der Erdkruste, weil es mit dem Eisen mitlief, als dieses in den Kern unseres Planeten versank.

2. Kügelchen oder Microtektite. Das sind mikroskopisch kleine, glasähnliche Kugeln, die sich bei gewaltsamen explosiven Ereignissen, wie Meteoriten-Einschläge und nuklearen Explosionen bilden. Sie entstehen, wenn das Zielgestein beim Einschlag schmilzt, als ein Sprühnebel von Tröpfchen in die Luft geschossen wird, und sich fast sofort wieder verhärtet.

3. Kohlenstoffruß.

4. Mikrodiamanten (Nanodiamanten). Sie wurden in Meteoritenkratern gefunden. Derartige Impaktereignisse schaffen Schockzonen mit hohem Druck und hoher Temperatur, die geeignet sind für die Bildung von Diamant aus Kohlenstoff. Die Druckstöße des Impakts verwandeln Graphit aus dem Boden sofort in Diamanten. Impaktartige Mikrodiamanten werden als Indikator für Impaktkrater herangezogen.

5. Geschockte Quarze. Dies ist eine Form von Quarz einer mikroskopischen Struktur, die sich von normalen Quarzen unterscheidet. Unter

starkem Druck (aber begrenzter Temperatur), wird die kristalline Struktur von Quarz deformiert. Geschockte Quarze treten bei gewaltigen Meteoriten-Einschlägen und an den Stellen auf, an denen Atomwaffentests durchgeführt werden. Ein Vulkan würde nicht den Druck erzeugen, der für die Bildung von geschocktem Quarz erforderlich ist. Geschockter Quarz ist weltweit in der KP-Grenzschicht gefunden worden. Dies ist ein weiterer Beweis dafür, dass der Übergang zwischen den Zeiträumen von Mesozoikum und Paläogen von einem mächtigen außerirdischen Impakt verursacht worden ist.

In ihrem Artikel *"Analyses of shocked quartz at the global K-P boundary indicate an origin from a single, high-angle, oblique impact at Chicxulub,"* schrieben J. Morgan, et al. im Jahr 2006: "Unsere Untersuchungen zeigen, dass die Gesamtzahl, die Maximal-und Durchschnittsgröße aller geschockten Quarzkörner mit der Paläodistanz von Chicxulub allmählich abnimmt. Wir haben keine besonders hohe Häufigkeiten an pazifischen Standorten gegenüber atlantischen und europäischen Standorten gefunden, wie vorher bereits berichtet wurde, und die Größenverteilung um Chicxulub ist relativ symmetrisch. Ejecta-Proben an jedem beliebigen Ort zeigen Eigenschaften an, die für eine breite Palette von Druckstöße bezeichnend sind, aber der mittlere Schockgrad nimmt mit der Paläodistanz zu. Diese Schock- und Größenverteilungen stehen beide im Einklang damit, dass die KP-Schicht bei Chicxulub mit einem einzigen Einschlag gebildet worden ist."

Die Verteilungsmuster von Microtektiten und geschocktem Quarz lassen in der Halbinsel Yucatán in Mexiko, der Nähe der Stadt Chicxulub, auf ein einziges Einschlagereignis schließen.

Einige Wissenschaftler haben angedeutet, dass die Grenzschicht, mit einem weltweit höheren Gehalt an Iridium, Kügelchen und geschocktem Quarz, das Ergebnis eines massiven, explosiven Vulkanausbruchs ist, wie am Beispiel der Deccan Trapps zu sehen ist. Die vulkanische Aktivität würde enorme Mengen an Asche und Gasen produziert haben, was, durch den Treibhauseffekt zu einer Veränderung des globalen Klimas und der Ozeanchemie führen würde.

In dem, in der Zeitschrift in *Geophysical Research Letters* veröffentlichten Artikel *"A search for iridium in the Deccan Traps and Inter-Traps"* schreiben die Autoren, R. Rocchial, D. Boclet, V. Courtillot und J. Jaeger: "Es wurde nahe gelegt, dass die Flutbasalte im Dekkan (Indien) mit den Ereignissen an der Kreide-Tertiär-Grenze (KTB) in Verbindung stehen könnten. Eine Suche nach Iridium in 47 Proben aus Lavaströmen und Sedimenteinschaltungen im Deccan liefern negative Ergebnisse."

Die Basaltströme im Deccan waren nicht ausreichend, um die hohen Iridium-Mengen an der KP-Grenzschicht hervorzurufen. Vulkane sind nicht in der Lage, die anfallenden, riesigen Mengen an Auswurfmaterial in die Stratosphäre auszustoßen, so dass der Fallout weltweit abgelagert wird.

Wenn die KP-Grenzschicht von einem Ausbruch des Deccan-Vulkans verursacht worden wäre, sollten die Tektite und das geschockte Quarz mit der Paläodistanz von den Deccan Traps allmählich abnehmen, stattdessen zeigt das Verteilungsmuster, dass die Einschlagstelle bei Chicxulub war, fast auf der entgegen gesetzten Seite des Planeten.

Es gibt auch andere Einwände gegen die Meinung, dass die weltweite Grenzschicht durch vulkanische Aktivität hervorgerufen wurde.

Im Jahr 2002 berichteten Philippe Claeys, Wolfgang Kiessling und Walter Álvarez in ihrem Artikel *"Distribution of Chicxulub ejecta at the Cretaceous-Tertiary boundary"*, dass Iridium homogen über den ganzen Globus verteilt ist, und, dass keine Korrelation zwischen der Iridiumkonzentration und der Entfernung von dem Ort des Einschlags bestehe.

Die Theorie des Asteroideneinschlags kann die Phänomene mit der weltweit homogenen Verteilung von Iridium nicht erklären, und die Autoren legen nahe, dass "Meteoritenstaub und Dampf von dem einschlagenden Meteoriten und dem Zielfelsen von dem, aus dem Krater aufsteigenden Feuerball in die obere Atmosphäre transportiert wurden. Es scheint also, dass, nach dem Impakt, die Erde von einer homogenen Wolke aus Dampf- und Staubpartikeln verschlungen wurde."

Die Erde in einer Wolke aus homogenen Staub- und Iridiumteilchen verschlungen?

Das Iridium-Verteilungsmuster sollte dem Verteilungsmuster der Auswurfmassen folgen, aber das ist nicht der Fall, und die Autoren des Artikels waren gezwungen, sich eine homogene Wolke von Dampf- und Staubpartikeln auszudenken, die den gesamten Planeten verschlungen haben soll.

Es wäre logischer zu erwarten, dass diese homogene Verteilung von der, einen Kometen umgebenden Staubwolke verursacht wurde. Diese kann große Mengen an Kometenmaterie in die Stratosphäre der Erde befördern und eine homogene Schicht von außerirdischem Schutt erzeugen.

Die KP-Grenzschicht besteht aus zwei großen Gruppen von Material: irdischer und außerirdischer Art. Das Fallout besteht aus dem direkten

Zustrom von Material aus dem Weltraum und aus Auswurfmaterial. Das Material, das homogen und weltweit verbreitet wurde, kam über einen direkten Zustrom aus dem Weltraum. Kometenstaub beförderte Iridium, Aminosäuren und andere Substanzen.

Nur ein sehr kleiner Teil der Auswurfmassen kann genügend lange Zeit in der Stratosphäre verweilen, um ein Fallout hervorzubringen, das einem (nahezu) homogenen Verteilungsmuster folgt.

Es besteht immer eine Korrelation zwischen der Konzentration der Auswurfmassen und der Entfernung von der Einschlagstelle.

In der ganzen Welt sind Nickel-(Ni-)reiche Spinelle an der Kreide-Paläogen-Grenze gefunden worden. Diese Mineralien haben keine Gegenstücke unter den irdischen Gesteinen. Ein Ni-reiches Spinell ist ein Mineral, das durch Schmelzen und Oxidation von meteoritischem Material in der Atmosphäre gebildet worden ist. Es wurde auf der ganzen Welt in dem Kreide-Paläogen-Grenzton gefunden, wobei die Ansicht unterstützt wird, dass am Ende der Kreidezeit eine kosmische Katastrophe stattgefunden hat und kein Vulkanausbruch.

Eric Robin und Robert Rocchia behaupten in ihrem Artikel *"Ni-rich spinel at the Cretaceous-*

Tertiary boundary of El Kef, Tunisia", dass chemische Untersuchungen von dem Spinell aus El Kef zeigen, dass dieses sich von dem Spinell anderer Standorte unterscheidet, sogar von denen aus der Nähe von El Kef, was eine Akkretion von mehreren Objekten im Weltraum nahelegt. Die Autoren sind der Meinung, dass dieses Ergebnis durch die Zersplitterung des Boliden erklärt werden kann, entweder vor dem Einschlag (ein Kometenzerfall) oder nach dem Einschlag, in beiden Fällen mit Verteilung der Trümmer über der ganzen Erde. Entsprechend dieser Forschungsarbeit, wurde die KP-Schicht durch einen außerirdischen Impakt verursacht, wahrscheinlich durch Fragmentierung eines Kometen.

In der Grenzschicht sind weltweit erhebliche Mengen an elementarem Kohlenstoff und Ruß festgestellt worden.

Die Wissenschaft geht davon aus, dass die umfangreichen globalen Flächenbrände der terrestrischen Vegetation und die, durch den feurigen Eintritt des Impaktors in die Atmosphäre und den Wiedereintritt der Auswurfmassen des Impakts gezündeten fossilen Brennstoffe die wahrscheinlichste Quelle der globalen Rußablagerungen waren.

Wolbach et al. berichteten in ihrem, im Jahr 1985 in *Science* veröffentlichten Artikel *"Cretaceous*

Extinctions: Evidence for Wildfires and Search for Meteoritic Material", sowie in einigen späteren Veröffentlichungen, dass die Rußanreicherung in der KP-Grenze isotopisch einheitlich sei, was auf eine einzige Quelle deute und, dass die isotopische Signatur im Einklang mit der Verbrennung von Vegetation stehe. Allerdings stellten sie fest, dass ein Teil des Rußes auch aus Verbrennung von Kohlenwasserstoffen stammen könnte. Der Großteil der Kohlenwasserstoffe, die auf der Erde gefunden werden, kommen in der Natur in Rohöl vor.

Claire M. Belcher et al. haben gezeigt, dass umfangreiche Flächenbrände unwahrscheinlich sind und, dass der Ruß eine Signatur aufweist, die mit Verbrennung von Kohlenwasserstoffen im Einklang steht aber nicht mit einer brennenden lebendigen pflanzlichen Biomasse.

Andere Forscher behaupten auch, dass die Menge der Überreste der verbrannten Vegetation (verkohlte Überreste) nicht ausreichend sind, um die Vorstellung von massiven, anhaltenden Flächenbränden zu unterstützen. Natürlich lässt die, in der Grenzschicht vorliegende Kohle Flächenbrände vermuten, aber diese waren zeitlich und räumlich begrenzt. Was hat dann gebrannt und hat die großen Mengen an Ruß in der Grenzschicht hervorgerufen? Welche Art von brennenden Kohlenwasserstoffen hat die Rußschicht hervorgebracht? Rohöl, Kohle, oder irgendetwas anderes?

Kohlenwasserstoffe sind organische Verbindungen, die vollständig aus Kohlenstoff und Wasserstoff bestehen. Sie können als Gase auftreten (z. B. Methan oder Propan), als Flüssigkeiten (z.B. Hexan und Benzol), als Wachse oder niedrig schmelzende Feststoffe (z.B. Paraffin und Naphthalin) oder als Polymere (z.B. Polyethylen, Polypropylen und Polystyrol). Kohlenwasserstoffe sind eine primäre Energiequelle für unsere Zivilisation.

Belcher et al. schrieben in ihrem Artikel *"Geochemical evidence for combustion of hydrocarbons during the K-T impact event"*, dass ihre Forschung "... die Vermutung der globalen Flächenbrände nicht unterstütze und stattdessen überzeugende Beweise dafür liefere, dass eine beträchtliche Menge an Kohlenwasserstoffen während der KT-Einschlags verbrannt wurde. Ein altes Sprichwort sagt, "es gibt keinen Rauch ohne Feuer", aber im Fall des KT-Ereignisses legt die geologische Abfolge nahe, dass es sehr wahrscheinlich Rauch ohne Feuer gab."

M. Harvey, S. Brassell , C. Belcher, und A. Montanari deuteten in dem Artikel *"Combustion of fossil organic matter at the Cretaceous-Paleogene (K-P) boundary"* an, dass die Verbrennung des Cantarell-

Ölfelds in Mexiko zu einem globalen Treibhauseffekt führte, der die Massenausrottung verursacht hat.

Belcher schrieb auch, dass die jüngsten Chicxulub Bohrungen zeigen, dass das Zielgestein Kohlenwasserstoffe enthält, deren Verdampfung den Ruß und die polyzyklischen, aromatischen Kohlenwasserstoffe hervorrufen kann, die in der KP-Grenzschicht gefunden wurden.

Aber es gibt eine weitere mögliche Quelle für den elementaren Kohlenstoff und Ruß aus der Verbrennung von Kohlenwasserstoffen in der Grenzschicht: ein Komet.

Elementarer Kohlenstoff (auch als Ruß bezeichnet) wird bei der Verbrennung von fossilen Brennstoffen als kleine Rußpartikel ausgestossen, oft zusammen mit anderen Chemikalien, die an ihrer Oberfläche haften. Zu den Quellen von organischem Kohlenstoff gehören der Verkehr, die industrielle Verbrennung und der Abbau von kohlenstoffhaltigen Materialien.

Auch Kometen enthalten elementaren Kohlenstoff .

Die Erhitzung des Kometen bei Eintritt in die Atmosphäre könnte das organische Material des Kometen in elementaren Kohlenstoff umwandeln.

Daten, die während der Erscheinung des Kometen Halley erfasst worden waren, zeigen eine signifikante Menge an elementarem Kohlenstoff und kohlenstoffhaltigem Material in Kern und Koma. Der Kern ist noch dunkler als Kohle, was darauf hindeutet, dass das kohlenstoffhaltige Material in Form von Graphit oder amorphem Kohlenstoff vorlag.

Kometenkern und Staub enthalten Körner aus elementarem Kohlenstoff. Kometen sind schwarz (schwarz wie Ruß) dank der großen Menge an Kohlenstoffverbindungen.

Die Russkonzentration bei Woodside Creek, Neuseeland, variiert mit der Tiefe in einer sehr ähnlichen Weise wie bei Iridium. Welche Verbindung besteht zwischen dem Verteilungsmuster von Ruß und Iridium? Beide wurden von einem einzigen Weltraumkörper vom Weltraum entstaubt.

Ruß gehört zu den unreinen Kohlenstoffpartikeln, die bei der unvollständigen Verbrennung von Kohlenwasserstoffen entstehen.

Kometen enthalten große Mengen an gefrorenen Flüssigkeiten, Gasen und organischen Verbindungen, die, bei ihrem Eintritt in die Erdatmosphäre, wie riesige Kraftstoffbomben verbrennen und riesige Mengen an außerirdischem Ruß hinterlassen. Gefrorene Gase und Flüssigkeiten wie Ammoniak, Methan, Ethan, Acetylen, Methylalkohol, besser bekannt unter der Bezeichnung Holzgeist, und viele andere Chemikalien sind in unterschiedlichen Mengen in Kometen entdeckt worden.

Es gibt erhebliche Mengen an gefrorenen Kohlenwasserstoffen in Kometen. Der Komet Hyakutake, der hellste Komet in 20 Jahren bot eine große Überraschung: 50 Millionen Tonnen gefrorenes Ethan, ein, im Rohöl geläufiger Kohlenwasserstoff. Diese enorme Menge an Ethan entspricht nur etwa 1 % seiner Gesamtmasse. Die chemische Analyse zeigte, dass die Mengen an Ethan und Methan im Kometen etwa gleich waren. Der Komet Hyakutake könnte nicht weniger als 100 Millionen Tonnen an brennenden und explodierenden Kohlenwasserstoffen liefern, wenn er in die Erdstmosphäre eintreten würde.

Die Forscher entdeckten auch Fullerene in der Grenzschicht.

Fullerene sind eine dritte Form von reinem Kohlenstoff, abgesehen von Diamant und Graphit. Ihre Moleküle bestehen gänzlich aus Kohlenstoff, in Form von Hohlkugeln, Ellipsoiden, Rohren, und vielen anderen Formen. Sphärische Fullerene werden auch Buckyballs genannt und ähneln den Fußbällen. Die Bezeichnung war eine Hommage an Buckminster Fuller, ein Architekt, Zukunftsforscher, Erfinder und Buchautor, dessen geodätischen Kuppeln sie ähneln.

Wurden die Fullerene in der intensiven Hitze eines Boliden erzeugt, wenn dieser in die Atmosphäre eintritt, sowie durch den Druck des Impakts oder wurden sie durch den Impaktor auf die Erde befördert und überlebten die gewaltige Explosion? Oder wurden sie irgendwie auf sichere Art und Weise auf die Oberfläche unseres Planeten eingestäubt?

Endohedrale Fullerene, auch Endofullerene genannt, sind Fullerene, die zusätzliche Atome, Ionen oder Cluster aufweisen, die in ihren inneren Bereichen eingeschlossen sind.

Im Jahr 1993, zeigten Martin Saunders und Robert Poreda, dass Fullerene die Fähigkeit besitzen, Edelgase (Helium, Neon und Argon) in ihren Käfigstrukturen zu erfassen.

Die Isotopenzusammensetzung von Edelgasen in Meteoriten und kosmischem Staub unterscheidet sich deutlich von denen, die auf der Erde gefunden werden.

Terrestrisches Helium ist meist Helium-4, es enthält nur eine kleine Menge an Helium-3. Extraterrestrisches Helium ist größtenteils Helium-3.

Die Untersuchung von Edelgasen in den Fullerenen aus Grenzton-Proben bestätigt, dass sie außerirdischen Ursprungs sind.

Weder Cantarell-Gas, Erdöl noch Kohle wurden am Ende der Kreidezeit verbrannt. Der größte Teil von Ruß und Kohlenstoff wurde von einem brennenden Kometen und Kometenstaub herbeibefördert. Im Grenzton gibt es auch einige Anteile an Ruß aus Waldbränden. Vulkanausbrüche können keine außerirdischen Fullerene in der Grenzschicht freisetzen. Asteroide enthalten nicht die gebührenden großen Mengen an Kohlenwasserstoffen und elementarem Kohlenstoff.

Fullerene, wurden im Gegensatz zu Iridium, an nicht vielen Stellen der KP-Grenze gefunden. Aber die Mischung aus (komplexen) Kohlenwasserstoffen wurde weltweit gefunden.

In dem Artikel *"There are no fullerenes in the K-T boundary layer"*, aus dem Jahr 2000, behaupten Robert Taylor und A. Abdul-Sada, dass eine sorgfältige Nachuntersuchung des Materials aus der Kreide-Tertiär-Grenzschicht, von dem früher berichtet wurde, dass Sie Fullerene enthalten, bestätige, dass es nur ein Gemisch aus Kohlenwasserstoffen enthält und, dass diese Feststellungen mit der bekannten hohen oxidativen Instabilität von Fullerenen ganz im Einklang stehen.

Jetzt bekommen wir die Antwortdarüber, wodurch sie verursacht worden ist, aus der KP-Grenzschicht. Es war ein Impakt. Der Impaktor war ein Komet. Die Grenzschicht konnte nicht von einem Vulkan oder einem Asteroiden gebildet werden.

Aber es gibt noch mehr Beweise darüber, dass ein Komet der Impaktor gewesen ist.

KREIDE-PALÄOGEN GRENZZONE

Im Jahr 1980 veröffentlichte *Science* eine Theorie von Luis Álvarez, wonach Dinosaurier von einem riesigen Asteroiden getötet worden sind. Kritiker fragten, wie es sein konnte, dass Lebewesen außerhalb des Wirkungsbereiches getötet wurden. Álvarez antwortete:

"Von der Dunkelheit. Der Einschlag verursachte riesige Mengen an Staub, wodurch die Kraft der Sonne um bis zu 20 % herabgesetzt wurde, und das über einen Zeitraum von 8 bis 13 Jahren."

Eigentlich dauerte diese "dunkle Zeit" sehr viel länger, etwa 100.000 Jahre und sie hatte bereits lange Zeit vor den Impakt-Ereignissen begonnen.

In ihrem Artikel *"Extraterrestrial amino acids in Cretaceous/Tertiary boundary sediments at Stevns*

Klint, Denmark", der im Jahr 1989 in der Zeitschrift *Nature* veröffentlicht wurde, berichteten Meixun Zhao und Jeffrey L. Bada, dass sie unterhalb und oberhalb der KP-Grenze Isovalin und Aminoisobuttersäure gefunden hatten. Die Autoren vermuteten, dass die Kollision eines massiven außerirdischen Objekts mit der Erde diese einzigartige organisch-chemische Signatur erzeugt haben könnte, weil bestimmte Meteoriten organische Verbindungen enthalten, die auf der Erde entweder sehr selten oder überhaupt nicht auffindbar sind. Zhao und Bada suggerierten, dass die außerirdischen Aminosäuren vom Grenzton nach oben und nach unten diffundiert sind. Im Grenzton selbst gibt es keine Aminosäuren.

Den Forschungsdaten zufolge, wurde die gesamte *Grenzzone*, die auf beiden Seiten der Grenze eine etwa 100 cm dicke Schicht umfasst und welche die katastrophalen Ereignisse repräsentiert, vor rund 100.000 Jahren gebildet.

Die dünne, 1 cm starke Grenztonschicht befindet sich ungefähr in der Mitte der Grenzzone.

Im Jahr 1990 suggerierten Kevin Zahnle und David Grinspoon vom NASA Ames Research Center, dass die Aminosäuren in einem Zeitraum von etwa 20.000 bis 100.000 Jahren durch Kometenfeinstaub abgelagert wurden.

Max Wallis von der Cariff University argumentiert, dass der Kometenstaub nicht terrestrische Mikropilze oder neuartige Gene herbeigebracht hat, die in den terrestrischen Mikro-Pilzbestand aufgenommen wurden und sie es waren, welche die Aminosäuren produziert haben.

Edwin Olson vermutet, in seinem Artikel *"Coal conversion at the K/T boundary: Remnants of the Hazardous Waste"*, dass die Aminosäuren zum Teil aus einem natürlichen Kohlevergasungsvorgang stammen könnten, der das Eindringen von Magma in Kohleflöz miteinschließt.

Die erste Frage, die wir hier klären sollten, ist, ob die Aminosäuren in der Grenzzone terrestrisch oder extraterrestrisch sind, und ob sie biologischen oder nichtbiologischen Ursprungs sind.

Isomere sind Substanzen, die aus denselben Elementen, in den gleichen Verhältnissen, zusammengesetzt sind, aber sie unterscheiden sich in ihren Eigenschaften aufgrund der Unterschiede in der Anordnung der Atome. Alle Aminosäuren (außer Glycin) können in zwei isomeren Formen auftreten.

Die Aminosäuren in der Grenzzone gibt es, sowohl in der D- als auch in der L-Form. Die L- und D-Formen der Aminosäuren sind Spiegelbilder voneinander, aber sie können nicht überlagert werden. Chiralität ist ein strukturelles Merkmal eines Moleküls, wobei es nicht möglich ist, dieses mit seinem Spiegelbild zu überlagern. Die menschlichen Hände sind ein universell anerkanntes Beispiel der Chiralität: die linke Hand ist ein nicht deckungsgleiches Spiegelbild der rechten Hand.

In den Organismen werden nur L-Aminosäuren hergestellt und in die Proteine eingebaut. Einige D- Aminosäuren werden in den Zellwänden von Bakterien gefunden, aber nicht in den bakteriellen Proteinen.

In der Chemie wird eine Mischung, die aus gleichen Anteilen an links- und rechtsdrehenden Formen eines chiralen Moleküls besteht, als racemisches Gemisch oder Racemate bezeichnet.

In racemischen Gemischen kommen Aminosäuren vor, die in nicht-biologischen Vorgängen gebildet wurden.

Die Aminosäuren in Meteoriten und in der KP-Grenzzone enthalten sowohl D- als auch L-Formen.

Die gleichen Anteile der D- und L- Formen der Aminosäuren in der Grenzzone sind ein Beweis für deren nichtbiologischen Ursprung. Und sie sind außerirdisch, sie werden mit außerirdischen Molekülen wie Iridium vermengt und folgen innerhalb der Grenzzone demselben Muster, was die Spitzenwerte ihrer Anreicherung angeht.

Isovalin und Aminoisobuttersäuren sind in Meteoriten weit verbreitet, in der Biosphäre jedoch selten.

Natürlich könnten die KP-Aminosäuren aus einem natürlichen Kohlevergasungsvorgang stammen, aber die produzierten Mengen sind nicht signifikant und sie können nicht weltweit abgelagert werden. Ein weiteres Problem mit den Aminosäuren, die aus einem natürlichen Kohlevergasungsvorgang stammen könnten, ist die Frage weshalb dieser hypothetische natürliche Vergasungsvorgang genau bei der die Bildung der Tongrenzschicht selbst mit deren Erzeugung aufgehört hat? Die natürliche Vergasung produzierte Aminosäuren vor dem Einschlag, während der Bildung der Grenztonschicht wurde sie unterbrochen, und danach fing die natürliche Vergasung wieder an. Und es ist wirklich seltsam, weshalb sie dem Anreicherungsmuster von Iridium vor und nach dem Einschlag folgt.

Asteroiden sind nicht in der Lage, den Kunstgriff der Bereitstellung von Aminosäuren, Iridium und anderen Substanzen über zehntausenden von Jahren vor und nach dem Einschlag auszuführen.

Die Asteroid- und Vulkantheorien, die unter den Gelehrten weit verbreitet sind, können die Anwesenheit von Aminosäuren und Iridium und deren Peaks, vor und nach der Grenze, nicht erklären, und auch nicht, wie sie über etwa 100.000 von Jahren in der Grenzzone abgelagert wurden.

Kurz gesagt, die Theorien über die KP-Massenausrottung, welche die Anwesenheit von ungewöhnlichen Aminosäuren und Iridium über und unter der Kreide-Paläogen-Grenze nicht erklären können, sind nicht brauchbar.

Die detaillierte Analyse der KP-Grenzschicht und der Grenzzone (die 100 cm dicke Schicht, welche beide Seiten der Grenze umfasst) lehnt die Möglichkeit ab, dass sie durch einen Asteroideneinschlag oder durch Vulkantätigkeit gebildet wurden und zeigt deutlich, dass es sich um den Einschlag eines Kometen handelte.

DER K-KOMET

Langperiodische Kometen haben stark exzentrische Umlaufbahnen, die sich bis in die Weiten des Sonnensystems ausbreiten, und über Zeiträume von 200 Jahren bis zu tausenden oder gar Millionen von Jahren.

Manchmal fliegen sie sehr nahe an den Planeten und der Sonne vorbei, wobei sie in das innere des Sonnensystem umgeleitet und zu kurzperiodischen Kometen werden.

Kurzperiodische Kometen sind Kometen mit Umlaufzeiten von weniger als 200 Jahren. Ihre Umlaufbahnen bringen sie in der Regel hinaus, in den Bereich der äußeren Planeten, wie Jupiter und darüber hinaus.

Wenn sich Kometen dem Inneren des Sonnensystems nähern und der Sonne, beginnen sie zu sublimieren (Kometenmaterial geht direkt vom festen Zustand in Gas über) und verdampft, wodurch eine dünne Hülle aus Gas und Feinstaub, auch Koma genannt, entsteht. Wenn ein Komet der Sonne sehr nahe kommt, erwärmt er sich auf rund 2.800 Grad Celsius (5.000 Grad Fahrenheit). Das ist heiß genug, um nicht nur Eis und Gase zu verdampfen, sondern auch Gestein und Metalle. Der ursprüngliche Komet wird kleiner, manchmal sehr viel kleiner, aufgrund des Verlusts an Kometenmaterial. Aber nicht alle Kometen kommen der Sonne so nahe.

Der K-Komet ist nicht allzu nahe an die Sonne herangekommen, weil die Aminosäuren überlebt und auf der Erdoberfläche abgelagert wurden.

Kometen, welche die Sonne streifen, kommen innerhalb von ein paar Millionen Kilometern aus der Sonne hervor, bevor sie sich umdrehen und in die andere Richtung steuern.

Das Sonnenlicht drückt das Gas und den Staub des Kometen weg, um einen Schweif zu bilden.

Ein Komet ist aufgebraucht oder erloschen, wenn der größte Teil, des im Kern enthaltenen flüchtigen Materials durch die Sonne verdampft und der Komet wird dann zu einem viel kleineren, dunklen, inerten Felsbrocken oder Geröll, das einem Asteroiden ähnelt.

Es ist möglich, dass Kometen kurz vor ihrem Erlöschen eine Übergangsphase durchmachen. Es ist möglich, dass es sich eher um einen ruhenden als um einen erloschenen Kometen handelt, wenn dessen flüchtige Komponente unter einer inaktiven Oberflächenschicht versiegelt ist. Wissenschaftler vermuten, dass einige Asteroiden früher einmal Kometen gewesen sind. Ein Komet verliert bei jedem Durchlauf um die Sonne einen Teil seiner Masse.

Der Hauptunterschied zwischen einem Asteroiden und Kometen ist, dass ein Komet, aufgrund der Sublimation des Kometenmaterials infolge von Sonnenstrahlung, ein Koma aufweist. Bei einigen oder vielleicht sogar bei den meisten Kometen werden schließlich die volatilen Vereisungen und Gase ihrer Oberfläche verbraucht und sie werden zu Asteroiden. Ein weiterer Unterschied ist, dass Kometen in der Regel exzentrischere Umlaufbahnen aufweisen als Asteroiden. Die meisten "Asteroiden" mit exzentrischen Umlaufbahnen sind wahrscheinlich erloschene oder ruhende Kometen. Kometen werden im äußeren Sonnensystem gebildet. Asteroiden werden im Reservoir zwischen Mars und Jupiter gebildet.

Die Forscher sind der Auffassung, dass es sich bei etwa sechs Prozent der erdnahen Asteroiden um vermutlich erloschene Kerne von Kometen handelt, die keine Gasabgabe mehr erfahren.

Kometen interagieren gravitativ mit der Sonne und anderen Objekten im Sonnensystem. Ihre Umlaufbahnen werden in erster Linie, aber nicht vollständig durch die Schwerkraft bestimmt, weil ihre Bewegung durch den Weltraum zu einem gewissen Grad auch durch die Gase, die von ihnen ausgestoßen werden, beeinflusst wird. Einige Kometen ändern im Laufe ihres Lebens ihre Umlaufbahnen mehrmals.

Es hat tausende von Kometen gegeben aber es wurden nur rund 190 als periodisch klassifiziert. Der berühmteste periodische Komet ist der Komet Halley, der alle 76 Jahre wiederkehrt.

Es gibt viele Mechanismen, welche die Lebensdauer eines Kometen begrenzen. Kurzperiodische Kometen im inneren Sonnensystem haben in der Regel eine Lebensdauer, die sich nur über tausende bis zehntausende von Jahren erstreckt.

Die mittlere Lebensdauer eines langperiodischen Kometen beträgt in etwa 600.000 Jahre.

Der Komet Halley zieht einmal alle 75-76 Jahre an der Sonne vorbei, und er wird nach nur 10.000 Jahren oder etwa 100 Umdrehungen um die Sonne komplett sublimiert werden und verschwinden.

Wenn kurzperiodische Kometen nicht zu nahe an die Sonne herankommen und/oder sie groß sind, ist ihre Lebensdauer viel länger, etwa 100.000 Jahre.

Die Größe des ursprünglichen K-Kometen betrug mehr als 100 km im Durchmesser, vermutlich 300 bis 400 km. Der K-Komet wurde zu einem kurzperiodischen Kometen mit einer Lebensdauer von etwa 100.000 Jahren.

Der Komet Hale-Bopp war vielleicht der meist beobachtete Komet des 20. Jahrhunderts. Die Untersuchungen zeigten später, dass sein Kometenkern (der feste, zentrale Teil) einen Durchmesser von etwa 60 Kilometer hatte.

Der Komet aus dem Jahr 1729, der auch unter dem Namen Komet Sarabat bekannt ist, gilt als der potenziell größte Komet, der jemals gesehen wurde, mit einem Kometenkern in der Größenordnung von 100 km im Durchmesser. Der Komet wurde von dem Mathematikprofessor, Pater Nicolas Sarabat, im Jahre 1729 entdeckt.

Kometen könnten viel größer als diese Dimensionen sein, sie können Durchmesser von tausenden von Kilometern erreichen.

Pluto wird nicht mehr als ein Planet des Sonnensystems betrachtet. "Pluto, dessen Volumen zur Hälfte aus Eis besteht, sollte seinen rechtmäßigen Status als König des Kuipergürtels der Kometen annehmen", sagte Neil Tyson, Direktor des Hayden Planetariums am *American Museum of Natural History*.

Die Größe Plutos ist winzig für einen Planeten, aber riesig für einen Kometen. Sein Durchmesser beträgt etwa 2280 Kilometer (1420 Meilen). Pluto ist der einzige "Planet", der, wie ein Komet, um eine elliptische Umlaufbahn kreist.

Haumea ist ein Kleinplanet jenseits der Umlaufbahn des Neptuns. Seine wahrscheinlichste Form ist ein dreiachsiges Ellipsoid mit den ungefähren Abmessungen von 2.000 x 1.500 x 1.000 km.

Ein riesiger Schwarm von Pluto-ähnlichen Objekten jenseits von Neptun wird nach Gerard Kuiper als Kuipergürtel bezeichnet. Astronomen schätzen, dass es im Kuipergürtel mindestens 35.000 Objekte mit mehr als 100 km (62 Meilen) im Durchmesser gibt. Es wird nie einen Mangel an großen Kometen geben, die in das innere Sonnensystem eintreten, und die Erde bedrohen.

Forscher berichteten, dass es keine Steigerung der Helium-3-Werte vor und nach der KP-Grenze gibt. Einige Wissenschaftler suggerieren, dass der Einschlag am Ende der Kreidezeit nicht von einem Kometen verursacht wurde, sondern von einem Asteroiden, denn der Kometenstaub würde die KP-Grenzzone mit Helium-3 saturieren.

Helium-3 ist ein Isotop des Heliums mit zwei Protonen und einem Neutron. Es hat ein Neutron weniger als das normale Helium und wird in der Sonne erzeugt. Helium-3 wird in den Sonnenwinden durch die Sonne emittiert. Der Sonnenwind ist ein Strom von geladenen Teilchen (ein Plasma), der von der oberen Atmosphäre der Sonne freigesetzt wird. Der Sonnenwind strömt aus der Sonne in alle Richtungen mit Geschwindigkeiten von etwa 400 km/s.

Der Strom der Teilchen von der Sonne (Sonnenwind) enthält Helium-3, das die Oberfläche der Raumkörper und den kosmischen Staub im inneren des Sonnensystems sättigt .

Allerdings könnten Kometenpartikel, nämlich Teile des Schweifes und das Koma, die Erde bestäuben, bevor sie mit Helium-3 gesättigt wurden, denn sie werden von dem Kern kontinuierlich gebildet, sie verbringen nicht allzu viel Zeit im Weltraum, und der K-Komet hat sich der Sonne nicht zu sehr genähert.

Die Helium-3-Sättigung von interplanetaren Staubteilchen (IDPs), hängt davon ab, wie lange sie von dem Sonnenwind gesättigt werden und
wie weit die Objekte von der Sonne entfernt sind.

Forscher haben berichtet, dass es auf dem
Mars, der weiter entfernt ist als Erde und Mond,
kein Helium-3 gibt. Selbst wenn es etwas Helium
auf dem Mars gäbe, würden die Mengen sehr gering sein. Die Menge an Helium-3 auf dem Mond
ist hoch genug, um den Bergbau zu ermöglichen.
Jetzt sind die Länder dabei, sich für ein neues
Weltraumrennen vorzubreiten, um Helium-3 als
sauberen Kernbrennstoff zu sammeln. Der Mond
wurde über Milliarden von Jahren mit Helium-3
gesättigt.

Wissenschaftler haben herausgefunden,
dass frische Kometenstaubpartikel sehr geringe
Mengen an Solaredelgasen, einschließlich Helium-
3, aufweisen.

"Staubpartikel im Weltraum bei 1 AU haben bei implantiertem Sonnenwind auf einer Zeitskala von einigen Jahrzehnten, gesättigte Oberflä-
chen. Partikel in Umlaufbahnen, die für
kurzperiodische Kometen typisch sind, werden
ungefähr die 5-fache Zeit benötigen, um gesättigt
zu werden", schrieb Scott Messenger in seinem
Artikel *Opportunities for the stratospheric collection
of dust from short-period comets,"* der im Jahr 2002 in

der Zeitschrift *Meteorics & Planetary Science* veröffentlicht wurde.

Ein AU entspricht ungefähr 150 Millionen km (93.000.000 Meilen) oder ungefähr die mittlere Entfernung zwischen Erde und Sonne.

Nach Messenger, "wird Staub von diesen Kometen direkt in die Erde durchkreuzende Umlaufbahnen injiziert, durch Strahlungsdruck, im Gegensatz zu der großen Mehrheit der, in der Stratosphäre angesammelten interplanetarischen Staubpartikel, die, vor ihrer Begegnung mit der Erde, Jahrtausende im Weltraum zugebracht hatten. Komplette Staubströme aus diesen Kometen werden innerhalb weniger Jahrzehnte gebildet, und nennenswerte Mengen an Staub werden jedes Jahr von der Erde vermehrt, unabhängig von den Positionen der Eltern-Kometen. Staub von diesen Kometen konnte sich in der Stratosphäre ansammeln und, aufgrund seiner kurzen Weltraum-Exposition identifiziert werden, wie die geringen Mengen der, von den Sonnenwinden implantierten Edelgase zeigen."

Die durchschnittliche Lebensdauer von Staub in der Nähe der Umlaufbahn der Erde beträgt ungefähr 10.000 Jahre.

Es gibt derzeit 17 aktive, die Erdbahn durchkreuzende Kometen. Der Begriff, die Erdbahn durchkreuzender Komet bezeichnet einen

Kometen auf einer Umlaufbahn, der, als Folge von Störungen, die Umlaufbahn der Erde durchkreuzen kann. Und dabei natürlich auf unseren Planeten stößt.

Forscher berichteten, dass es vor und nach der KP-Grenze keine Steigerung der Helium-3-Werte gibt. Richtig interpretiert, gibt uns das wichtige Informationen über die Natur des K-Kometen und über den Mechanismus des Impakts. Es deutet an, erstens, dass die Erde mehrere Male eine Wolke von frischem Kometenstaub passierte, nicht eine Wolke, die sich über Tausende von Jahren oder länger im inneren des Sonnensystem befand, und zweitens, dass sich der Komet an einem gewissen Punkt fragmentiert hatte und ein großer Brocken davon auf katastrophale Weise in unseren Planeten einschlug. Die restlichen Fragmente durchkreuzten weiterhin die Umlaufbahn der Erde und stäubten unseren Planeten über Zehntausende von Jahren mit frischen Kometenpartiken ein.

Vor dem Eintritt in das innere Sonnensystem sind Kometen nicht mit Helium-3 gesättigt, aufgrund der großen Entfernung zur Sonne. Selbst wenn sie in das innere Sonnensystem eintreten, sind sie die meiste Zeit viel weiter entfernt als die Umlaufbahn der Erde. Die Kometen verbringen nur einen kleinen Bruchteil der Zeit in der Nähe der Umlaufbahn der Erde. Einige Kometen haben besondere Umlaufbahnen, Umlaufbahnen von geringer Exzentrizität und geringer Neigung mit Knoten sehr nahe bei 1 AU.

Diese Kometen gelangen nicht in die Nähe der Sonne, aber nur in die, der Umlaufbahn der Erde. Ihre Staubpartikel benötigen viel mehr Zeit, um mit Helium-3 gesättigt zu werden, weil sie sich sehr weit von der Sonne entfernt befinden.

Der größte Teil des Staubs verbringt Tausende sogar Hunderttausende von Jahren im Sonnensystem und ist stark mit Helium-3 gesättigt. Nahezu alle Partikel, welche die Erde einstäuben, ausgenommen die frischeren, haben ungefähr 100 bis 100.000 Jahre im All zugebracht.

Der K-Komet war fast auf Kollisionskurs mit der Erde und der Kometenstaub verweilte nur eine sehr kurze Zeit im Weltraum bevor er auf der Erde abgelagert wurde, so dass es nicht genügend Zeit gab, um mit Helium-3 gesättigt zu werden.

Es gibt mehrere Peaks von Iridium und extrater - terrestrischen Aminosäuren vor und nach der Grenzschicht. Sie könnten möglicherweise durch die Fragmentierung des Kometen hervorgerufen worden sein, daher die erhöhte Konzentration an Kometenstaub. Vielleicht gibt es auch Luftdetonationen kleinerer Fragmente des Kometen vor, während und nach dem eigentlichen Einschlag.

Nach der ersten Fragmentierung des K-Kometen im Weltraum kreiste ein Schwarm von Kometenstaub und Fragmenten umher und deren Anzahl wurde mit jeder Fragmentierung immer größer.

Kometen befinden sich in instabilen Umlaufbahnen, die sich im Laufe der Zeit aufgrund von Störungen und Ausgasung verändern.

Kometen, die in einer bestimmten Umlaufbahn die Erde umkreisen, bringen frischen Kometenstaub herbei, der nur sehr wenig mit Helium-3 gesättigt ist. Scott Messenger und sein Team von der Washington University identifizierten und untersuchten vier solcher Kometen.

Zahnle und Grinspoon legten nahe, dass "der Staub nach dem Impakt in der Umlaufbahn verweilte, und somit über einige Tausende oder Zehntausende Jahren weiterhin dahinrauschte."

Allerdings befand sich der K-Komet in einer bestimmten, kurzperiodischen Umlaufbahn, so dass die Kometenstaubpartikel von den Sonnenwinden nicht mit Helium-3 gesättigt wurden. Der, auf der Erde abgelagerte Staub war frisch. Er hat nicht ein paar Tausende oder Zehntausende von Jahren im Weltraum zugebracht.

Die Abwesenheit höherer Helium-3-Werte vor und nach der Impakt-Grenze sagt uns lediglich, dass es im Weltraum keine Kometenwolke gegeben hat, die von der Erde ausgeschöpft wurde, als sie diese, vor Zehntausenden von Jahren, durchquerte. Zahnle und Grinspoon schrieben "Die geringeren Mengen an AIB (Aminoisobuttersäure) und Isovalin oberhalb des Grenztons kann auf den Verlust der Quelle zurückgeführt werden."

Wahrscheinlicher ist, dass nachdem ein großes Fragment oder ein paar Fragmente des Kometen mit der Erde kollidierten, zunächst die Gesamtmasse des restlichen Teils des Kometen (fragmentiert oder in einem Stück) kleiner wurde und über etwa 30.000 bis 50.000 Jahren, immer kleinere Mengen an Kometenpartikeln in die Erdatmosphäre lieferte und dann, teilweise aufgebraucht wurde. Trotzdem stäubte er unseren Planeten über Zehntausende von Jahren ein und verlor dabei sehr viel Kometenmaterial.

Die vom K-Kometen übrig gebliebenen Fragmente bewegten sich weiterhin in einer, die Erde durchkreuzenden Umlaufbahn, bis er vollkommen aufgebraucht war (100.000 Jahre sind eine normale Zeit, in der derartige Kometen vollkommen aufgebraucht werden) oder sogar vernichtet, indem sie auf die Sonne treffen oder auf einen Planeten, oder sie haben das Sonnensystem verlassen, oder sie setzen als Asteroiden oder tote Kometen ihr Leben fort.

Die Anteile von Helium-3 in dem, auf der Erde abgelagerten Staub, hängen auch von den Temperaturen ab, denn die Kometenpartikel erhitzen sich bei Eintritt in die terrestrische Atmosphäre. Die Experimente zeigten, dass, wenn interplanetare Staubteilchen (IDPs von *interplanetary dust particles*) bis 630 °C aufgeheizt werden, etwa 50 Prozent des Helium-3-Anteils freigesetzt wird.

IDPs werden normalerweise aufgeheizt, wenn die Temperaturen höher als 500 °C sind und sie in die Atmosphäre eintreten.

Kometenstaub bewegt sich mit höheren Geschwindigkeiten fort als Asteroidenstaub und die Eintrittstemperaturen sind höher. Je höher die Temperatur, desto mehr Helium-3 wird aus dem Staub freigesetzt.

Der gesammelte Staub enthält einen großen Anteil an Partikeln, die sich über 600 °C aufheizen.

Der frische Kometenstaub war nicht mit Helium-3 gesättigt, und selbst wenn es eine gewisse Sättigung gegeben hätte, würde der größte Teil des Helium-3 bei Eintritt in die Atmosphäre aufgrund der Erwärmung freigesetzt werden.

Der K-Komet ist im Weltraum auseinander gebrochen und daraufhin sind seine Fragmente in die Erde eingeschlagen.

Das unerwartete Auseinanderbrechen von Kometen, einige in erheblicher Entfernung von der Sonne, ist seit langem ein Rätsel für die Forscher.

Als sich 1976, der Komet West, welcher der Sonne niemals näher als 30 Millionen Kilometer gekommen ist, in vier Fragmente gespalten hatte, waren die Astronomen ratlos.

Im Jahr 2000 brach der Komet Linear in einer Entfernung von über hundert Millionen Kilometern von der Sonne mit einer Explosion auseinander.

Achtzig Prozent der Kometen, die auseinanderbrechen tun das, wenn sie weit von der Sonne entfernt sind, so Carl Sagan und Nancy Druyan, Autoren des Buches *Der Komet*.

Sagan und Druyan schrieben: "Die Gravitations-Gezeiten der Sonne oder die ungleiche Erwärmung kann nicht die alleinige Ursache der Spaltung von Kometen sein. Wir wissen immer noch nicht, warum Kometen auseinanderbrechen."

In der Regel folgen alle Fragmente der ursprünglichen Umlaufbahn des elterlichen Him-

melskörpers, einschließlich des beim Zerfall feige-
setzten Staubs.

Im Jahr 2006 brach der Komet
73P/Schwassmann-Wachmann 3 auseinander und
bildete eine Kette von über 33 separaten Fragmenten. Im Jahr 1995 wurde gesehen, wie der gleiche
Komet in vier große Stücke zerbrochen war. Es ist
nun bekannt, dass er in mindestens 66 separate
Objekte auseinander gebrochen ist. Als er im Jahr
1930 in der Nähe der Erde vorbeigekommen war,
gab es einen Meteorschauer mit bis zu 100 Meteo-
ren pro Minute.

Die Kometenfragmente, die vor 66 Millionen Jahren in die Erde schlugen waren teilweise
aufgebraucht. Sie verloren über einen Zeitraum
von 30.000 bis 50.000 Jahre flüchtige Verbindungen, was etwa fast die Hälfte des Lebens eines
Kometen ist, der in das innere Sonnensystem eintritt.

Die Kometenbruchstücke haben in der Regel einen Namen. Derjenige, der in die Erde einschlug und mit der Hilfe seiner übrigen Kometen-
brüder die meisten Arten der Kreidezeit getötet
hat, könnten wir den *Big One* oder B1 nennen.
Die übrigen sind B2, B3, usw. Der B1 hat den Krater und die KP-Grenzschicht hervorgerufen.

DIE PHASE DER STAUBWOLKEN

Wenn die Umlaufbahn des Kometenstaubs die Umlaufbahn der Erde durchkreuzt, fegen unser Planet und seine Atmosphäre jedes Jahr durch den Staubstrom, und erfahren dabei Meteorschauer und die Abscheidung von feinem Staub auf der Oberfläche des Globus.

Die Kometenbruchstücke zerfallen in der Regel zu Staub, Sand und Kieselsteinen, und breiteten sich entlang der Umlaufbahn des Kometen aus, um einen dichten Meteoritenstrom zu bilden, der sich anschließend auf dem Weg zur Erde entfaltet.

Die Meteoriten verteilen sich über die gesamte Umlaufbahn des Kometen, um einen Meteoritenstrom zu bilden, was auch unter der Bezeichnung "Staubfahne" bekannt ist. Diese ist nicht mit dem "Staubschweif" des Kometen zu verwechseln.

Die Anreicherung von Aminosäuren und Iridium vor und nach der KP-Grenze weist mehrere Peaks auf, daher, muss die Erde mehrere Male viel dickere Kometenstaubwolken passiert haben.

Da einige der Staubpartikel sehr klein sind, werden sie sich in der oberen Erdatmosphäre schnell verlangsamen bis sie zum Stillstand kommen. Anstatt in einem Lichtblitz wie die größeren

Kometenkörner abzubrennen, werden sie langsam an die Oberfläche des Planeten driften. Es wird Monate oder sogar Jahre dauern, bis sich der feine Kometenstaub von der oberen Atmosphäre unten absetzt.

Bei einem derartigen Vorbeiflug eines riesigen Kometen, würde die Erde eine große Masse an Staub in der oberen Atmosphäre ansammeln, wobei das Klima sich leicht verändern würde und zu einem gewissen Grad die Photosynthese von Land- und Meerespflanzen hemmen würde. Es würde keine tiefschwarze Dunkelheit am Mittag oder einen nuklearen Winter geben. Nur eben längere Zeiträume, die wie dunkle, bewölkte Tage aussehen würden.

Aber wie würde sich eine, ein wenig niedrigere Lichtintensität und ein etwas kühleres Klima auf die Pflanzen und Tiere auswirken?

Welche wären die Auswirkungen eines Rückgangs der weltweiten Temperaturen von nur 1 °C (2 °F), wenn auch nur für ein paar Jahre?

In den letzten 2000 Jahren können wir historische Rekorde ähnlicher Ereignisse nach Vulkanausbrüchen verbuchen. Im Gegensatz zu einer verlängerten globalen Sättigung der gesamten Atmosphäre mit Kometenstaub aus dem All sind dies kleinere, lokale Ereignisse, aber wir können ein reales Bild von den Folgen bekommen, nicht nur Computer-Simulationen.

Nach großen Vulkanausbrüchen wird die Sonne von der Asche von Schwefelsäuretröpfchen in der Atmosphäre verdunkelt, wobei die Reflexion der Sonnenstrahlung zunimmt und die Temperaturen weltweit verringert werden. Aufgrund der Reduzierung des Lichtes und des etwas kühleren Wetters kommt es zu Missernten und Menschen und Tiere beginnen zu hungern, manchmal bis zum Tod.

"Die Sonne war dunkel und ihre Dunkelheit dauerte 18 Monate. Jeden Tag strahlte sie etwa vier Stunden. Und dieses Licht war dennoch wie ein dürftiger Schatten. Die Früchte wurden nicht reif und der Wein schmeckte wie saure Trauben", schrieb Michael der Syrer über die Witterung im Jahr 536.

Die extreme Witterung in den Jahren 535 und 536 stellte die schwerste kurzfristige Abkühlung in den letzten 2.000 Jahren dar. Sie wurde von einem umfangreichen atmosphärischen Staubschleier verursacht, möglicherweise das Ergebnis eines großen Vulkanausbruchs in den Tropen oder von dem Schutt aus einem Boliden-Impakt. Ihre Auswirkungen waren weit verbreitet, sie verursachten weltweit ein ungewöhnliches Wetter, Missernten und Hungersnöte. Die Temperaturen waren niedrig, es gab sogar Schnee im Sommer. In China schneite es im August. Es wurde von dichtem, trockenem Nebel in Europa, dem Nahen Osten und China berichtet.

Johannes der Lydische, ein römischer Beamter, berichtete, dass "sich die Sonne fast über ein ganzes Jahr verdunkelte."

Viele Dokumente aus der Zeit des König Arthur sprechen von dem schrecklichen "Trockennebel" oder der Staubwolke, welche die Sonne verdunkelte, was zu Ernteausfällen, Frost im Sommer, Dürre und Hungersnot führte. Dies bewirkte den Tod von einem großen Anteil der Bevölkerung durch Hunger und Krankheit. Baumringstudien in vielen Teilen der Welt bestätigen mehrere Jahre eines sehr schlechten Wachstums. Die extremen klimatischen Bedingungen dauerten etwa 30 Jahre nach dem Ereignis fort.

Das Jahr 1816 wird als das Jahr ohne Sommer bezeichnet. Die weltweiten Durchschnittstemperaturen sanken um 0,4 bis 0,7 °C (0,7 bis 1,3 °F), was durch den Ausbruch des Vulkans Tambora und einer geringen Sonnenaktivität hervorgerufen wurde.

Im Frühjahr und Sommer 1816 wurde von einem stetigen "Trockennebel" im Nordosten der USA berichtet. Dieser merkwürdige Nebel führte

zu einer Rötung und Verdunkelung des Sonnenlichts. Weder der Regen noch der Wind waren in
der Lage, den "Nebel" aufzulösen, weil er sich
hoch oben in der Stratosphäre befand. Der Frost
tötet die meisten Feldfrüchte ab, vor allem in höheren Lagen. Im Juni fiel Schnee.

In großen Teilen Europas gab es Ernteaus-
fälle. Es war die schlimmste Hungersnot des 19.
Jahrhunderts. Die Todesfälle in Europa beliefen
sich insgesamt auf 200.000.

In China vernichtete das kalte Wetter Bäume, Reispflanzen und Wasserbüffel.

Langfristige Auswirkungen der Abkühlung
sind in erster Linie abhängig von den Staubpartikeln in der Stratosphäre, wo es wenig oder gar
keinen Niederschlag gibt, so dass eine lange Zeit
erforderlich ist, um die Aerosole und den Staub
aus einer Region auszuwaschen.

Vor 66 Millionen Jahren, könnten die Kometenpartikel aus dem Staub des Weltraums für
sehr lange Zeit in der Stratosphäre geblieben sein,
was zu einer Verringerung der Sonneneinstrahlung führte. Es gab eine konstante Zufuhr mit frischem Kometenstaub, der manchmal auch etwas
dicker war.

Große Lebensmittelketten wurden unterbrochen. Der Rückgang der Pflanzenmasse führte
zum Verhungern pflanzenfressender Tiere. Die

ersten Opfer waren die großen Pflanzenfresser auf dem Land und in den Ozeanen, vor allem die, die in den Polarregionen lebten, wo die Abschwächung des Sonnenlichts durch die Staubwolke schwerwiegend, der Temperaturabfall erheblich, und der Verlust der Pflanzenmasse signifikant war.

Große Arten an der Spitze der Nahrungskette, wie Dinosaurier, sind sehr anfällig für Störungen im Ökosystem.

Am Ende der Kreidezeit gab es viel mehr Pflanzenmasse und Tiere pro Quadratkilometer als heute. Schon kleine Störungen im Klima, im Ökosystem und in der Lebensmittelkette führten dazu, dass viele Tiere wegstarben.

Brian K. McNab schrieb in *"Resources and energetics determined dinosaur maximal size,"* "Zum Beispiel, die größte Säugetier-Biomasse in den afrikanischen Ebenen variiert zwischen 17.500 und 20.000 kg/km2. Wenn pflanzenfressende Dinosaurier einen Feldenergie-Aufwand hatten, der nur 22% von dem ihrer Säugetier-Pendants ausmachte und, wenn Pflanzengemeinschaften aus dem Mesozoikum in etwa so produktiv waren wie die ostafrikanischen Gemeinschaften heutzutage, dann würde die maximale Biomasse der Dinosaurier voraussichtlich zwischen 80.000 und 90.000 kg/km^2 fallen."

Die Staubwolken-Phase dauerte Zehntausende von Jahren, vor und nach dem Kometeneinschlag, demnach begann das Aussterben der Kreidezeit bereits Tausende von Jahren vor den katastrophalen Ereignissen.

Paul R. Renne et al. berichteten: "Wir suggerieren, dass die kurzen Kälteeinbrüche in der neuesten Kreidezeit, wenn auch nicht unbedingt von außergewöhnlichem Ausmaß, dennoch besonders aufreibend waren für ein weltweites Ökosystem, das für das vorhergehende langfristige Treibhausklima der Kreidezeit gut angepasst war."

Die vorkreidezeitliche Abkühlung des Klimas wurde von vielen Forschern bestätigt.

Es gibt geologische Aufzeichnungen, die bestätigen, dass die Katastrophe Zehntausende von Jahren vor der Kreide-Paläogengrenze begonnen hat.

DIE IMPAKT-PHASE

Jason Moore und Mukul Sharma vom Dartmouth College in New Hampshire stellten alle veröffentlichten Daten über Iridium und Osmium aus der KP-Grenze zusammen. Sie beschrieben ihre Ergebnisse im Jahr 2013 in einem Beitrag zu der 44. *Lunar and Planetary Science Con-*

ference. Letztlich waren die Gesamtanteile der Spurenelemente viel niedriger als jene, die Wissenschaftler seit Jahrzehnten verwendet hatten. Sie behaupten, dass die Iridium- und Osmiumanteile über die KP-Grenze hindurch, auf einen kleinen Impaktor, eines Durchmesser von ungefähr 5,7 km, hinweisen.

"Aber ein Asteroid dieser Größe würde keinen Krater eines Durchmessers von 200 km verursachen", schrieb Moore. "Also haben wir gesagt: Wie können wir etwas bekommen, das genug Energie hat, um einen Krater dieser Größe hervorzurufen, aber mit viel weniger felsigem Material? Das führt uns zu den Kometen."

Luis Álvarez und sein Team schrieben in ihrem Artikel *"Extraterrestrial Cause for the Cretaceous-Tertiary Extinction"* über die Größe der Boliden "Wir kommen zu der Schlussfolgerung, dass die Daten, mit dem Einschlag eines Asteroiden eines Durchmessers von etwa 10 ± 4 km vereinbar sind." Sie berechneten die Größe des Asteroiden auf vier voneinander unabhängige Art und Weisen. Nach ihren Berechnungen, auf der Grundlage der Iridium-Anteile in Gubbio, Italien, würde die Größe des Asteroiden 6,6 km betragen.

Asteroiden wandern zu langsam, so dass ein kleiner Felsen nicht in der Lage ist, genug Energie zu erzeugen, um den Chicxulub-Krater zu hervorzubringen. Kometen wandern viel schneller als Asteroiden und Kometen eines Durchmessers von etwa 7 Kilometern, die sich mit für Kometen üblichen Geschwindigkeiten fortbewegen, könnten genügend Aufprallenergie freisetzen, um einen Krater wie den von Yucatan hevorzurufen, denken Moore und Sharma.

"Kometen haben einen geringeren Anteil an Iridium und Osmium als Asteroiden, relativ zu ihrer Masse, jedoch ein Hochgeschwindigkeits-Komet würde über genügend Energie verfügen, um einen 110-Meilen breiten Krater zu erzeugen."

Sharma sagte: "Beim Zusammenführen der Daten aus zwei sehr unterschiedlichen Bereichen der Wissenschaft, nämlich der Geochemie und der Geophysik, sind wir uns jetzt zu 99,9 Prozent sicher, dass das, womit wir zu tun haben, ein Kometeneinschlag ist, 66 -Millionen-Jahre zurück liegt und kein Asteroideneinschlag."

Die Durchschnittsgeschwindigkeit der Weltraumkörper in die Atmosphäre unseres Planeten beträgt 10 bis 70 km pro Sekunde.

Kleinere Meteoriten werden durch atmosphärische Reibung schnell verlangsamt. Bei großen Meteoriten hat Luftreibung wenig Einfluss auf deren Geschwindigkeit und sie treffen auf unseren Planeten mit der enormen Geschwindigkeit ihres Eintritts in die Erdatmosphäre.

Kometen sind viel gefährlicher als die Asteroiden, weil sie sich sehr viel schneller fortbewegen. Die Durchschnittsgeschwindigkeit eines Asteroiden beträgt ca. 25 km pro Sekunde.

Kometen wandern in länglichen oder nahezu parabolischen Bahnen um die Sonne, wodurch es ihnen ermöglicht wird, sich sehr schnell fortzubewegen. Sie bewegen sich mit Geschwindigkeiten von 40 bis 70 km pro Sekunde fort.

Die kinetische Energie eines ankommenden Objekts aus Weltraum folgt der Gleichung:

$Ek = \frac{1}{2} mv^2$

Ek = kinetische Energie, m = Masse des

Objekts, v = Geschwindigkeit, oder die Geschwindigkeit des Objekts.

Ein Objekt, das sich mit der doppelten Geschwindigkeit eines anderen Objekts der gleichen Masse fortbewegt, hat die vierfache kinetische Energie. Ja, vier mal so viel an Aufprallenergie! Also, haben Kometen vier Mal mehr Zerstörungskraft als Asteroiden einer ähnlichen Masse.

Die jüngste Kollision eines Kometen mit einem Planeten erfolgte im Juli 1994, als der Komet Shoemaker-Levy 9 in Stücke zerbrach und mit dem Planeten Jupiter kollidierte. Während der sechs darauf folgenden Tage wurden 21 unterschiedliche Einschläge beobachtet.

Es war der erste Komet, der beobachtet wurde, wie er einen Planeten umkreist, und er wäre möglicherweise von dem Planeten Jupiter schon etwa 20 bis 30 Jahre früher erfasst worden.

Die Nachwirkungen des Einschlags waren auf dem Jupiter fast ein Jahr nach dem Ereignis erkennbar.

Den Schätzungen nach rangieren die Durchmesser der ursprünglichen Masse des Kometen Shoemaker-Levy 9 zwischen 2 und 10 km und die der größten Fragmente zwischen 1 und 3 km.

Der K-Komet war viel größer, und die Folgen für das terrestrische Leben waren enorm. Aber noch vor den katastrophalen Einschlägen selbst begann er, aufgrund der Kometenstaubwolke, die terrestrische Biota zu vernichten.

Große Weltraumkörper berühren den Boden mit einem erheblichen Teil ihrer kosmischen Geschwindigkeit. Die Beschaffenheit des Kraters und der Grad der Zerstörung hängen von der Größe, der Geschwindigkeit, der Zusammensetzung, des Fragmentierungsgrads und des Einfallswinkels des Einschlags ab.

Eine Reihe von Einschlägen von solch zerfallenden, riesigen Kometen könnte kolossale Erdbeben, gigantische Tsunamis, massive Flächenbrände von Pflanzen und fossilen Brennstoffen rund um den Globus, sowie gewaltige Wirbelstürme verursachen, und könnte vielleicht auch noch Vulkane und Basaltfluten aktivieren, was zu einer Veränderung der Chemie der Ozeane führen würde. Der Himmel würde mit einer dicken Staubdecke bedeckt werden.

Ein zerfallender riesiger Komet kann eine Hitzewelle in der Atmosphäre verursachen, mit verheerenden Auswirkungen auf die Flora und Fauna, was von einem Asteroiden aus Steinen oder Eisen nicht verursacht werden kann.

Der Wärmeimpuls dauerte mindestens mehrere Tage und vernichtete einen Großteil der Pflanzen vieler Regionen, ohne sie zu verbrennen. Die Vegetation wurde von dem Wärmeimpuls, dem sauren Regen, den zahlreichen lokalen Flächenbränden, und dem nicht ausreichenden Sonnenlicht zerstört.

Belcher et al. stellten fest, dass erhebliche Mengen von nicht kalzinierten organischen Resten in der K-T-Grenzschicht vorhanden sind. Die Hitzewelle kann die Vegetation zerstören, ohne sie zu verbrennen.

Die aufschlagenden Kometenfragmente könnten massive vulkanische Aktivität und Basaltfluten auslösen, da die vorhergehenden Aufprälle die Einschlagstellen schwächen würden.

Der größte Teil der Aminoisobuttersäure und des Isovalin aus dem Kometen könnte feurige Einschläge nicht überleben (vor allem, wenn man berücksichtigt dass Kometenmaterial teilweise aus brennbaren Stoffen bestand), so dass die Forscher im Grenzton keine Aminosäuren gefunden haben.

Jetzt sind über 70 Prozent der Erdoberfläche mit Wasser bedeckt. Der Meeresspiegel war während des größten Teils der Kreidezeit sehr hoch. Bei seiner maximalen Höhe, blieben nur etwa 18 Prozent der Erde als Land übrig.

Hätte es mehrere Einschläge gegeben, hätten wahrscheinlich ungefähr 70 bis 80 Prozent der Kometenbruchstücke die Ozeane erfasst.

Einschläge in den Ozean wären möglicherweise weniger gefährlich für die Flora und Fauna als ein Einschlag auf dem Festland, da keine Trümmer (nur Wasser) in die Atmosphäre hochgeschleudert werden würde, es würde auch keine Flächenbrände geben, usw., und die direkten und indirekten Auswirkungen wären nicht so verheerend. Dennoch könnte ein Einschlag auf den Ozean die Atmosphäre durchlöchern und ein Teil davon könnte in den Weltraum ausgestoßen werden.

Forscher behaupten, dass, wenn ein Asteroid oder Komet eines Durchmessers von ca. 5 km (3,1 Meilen) oder mehr auf den Ozean trifft oder über der Oberfläche des Wassers explodiert, immer noch eine enorme Menge an Schutt in die Atmosphäre ausgestoßen werden würde, und dies zur Abkühlung des Klimas beitragen könnte.

In ihrem Artikel *"Records of post–Cretaceous-Tertiary boundary millennial-scale cooling from the western Tethys: A smoking gun for the impact-winter hypothesis?"*, der im Jahr 2004 in der Zeitschrift *Geology* veröffentlicht wurde, belegten S. Galeotti, H. Brinkhuis und M. Huber, dass die postkatastrophale Abkühlung des Klimas wirklich stattgefunden hat.

Matthew Huber bemerkte, dass dies das erste Mal sei, dass ein Fossilfund erkennen lässt, dass zu dieser Zeit eine deutliche Abkühlung der Erde stattgefunden hat. Die Beweise dafür, lagen in Form von kleinen, Kälteliebenden Meeresorganismen vor, die so genannten Dinoflagellaten und benthischen Formaniferen, die plötzlich in den Gewässern auftauchten, die vorher sehr warm gewesen sind.

Huber sagte, dass sich das Leben auf der Oberfläche wahrscheinlich ungefähr 30 Jahre nach den Impaktereignissen wieder erholen würde. Es dauerte für die Ozeane viel länger, etwa 2.000 Jahre, um zur Normalität zurückzukehren.

Wenn der K-Komet hypothetisch in mehrere große Stücke und eine große Anzahl von kleineren zerbrochen ist, dann würden ein paar große

Brocken, von denen einige möglicherweise Durchmesser von 10 bis 15 km haben, das Land und das Wasser in einer sehr kurzen Zeitspanne, von wahrscheinlich nur ein paar Minuten oder Stunden, treffen.

Einige der Fragmente, treffen auf die Oberfläche der Erde, aber es ist auch möglich, dass viele kleinere oder größere Brocken in der Luft detonieren.

Erst vor kurzem, wurde erstmals makroskopische Kometenmaterie auf der Erde gefunden, solche, die groß genug ist, um mit dem bloßen Auge untersucht zu werden.

Der erste konkrete Beweis eines Kometeneinschlags auf der Erde wurde im Jahr 1922 in Tutanchamuns Grab entdeckt.

Unter den kostbaren Werkzeugen war ein prachtvolles Schmuckstück, eine Brosche, mit einem faszinierenden gelb-grünlich geflügelten Blatthornkäfer in der Mitte.

Im Jahr 1996 entdeckte der italienische Mineraloge Vincenzo de Michele im Ägyptischen Museum in Kairo den außergewöhnlichen, gelbgrünlich leuchtenden Edelstein mitten in der Tutanchamun Brosche. Howard Carter, der Archäologe, der das Grab entdeckt hatte, legte nahe, dass der Blatthornkäfer aus Chalcedon, einem Halbedelstein war. Aber de Michele war sich darüber nicht so sicher. Für ihn sah er wie eine Art Glas aus.

De Michele, der mit dem ägyptischen Geologen Aly Barakat zusammen arbeitete, bat um die Erlaubnis, die Brosche von Tutanchamun zu untersuchen.

De Michele und Barakat, die von bewaffneten Wächtern und Beamten umgeben waren, durften das Juwel überprüfen und testen.

Die Tests bestätigten, dass der Blatthornkäfer kein Halbedelstein war. Er war aus Glas angefertigt, aber nicht aus einem Glas wie jedes andere, das von den altertümlichen ägyptischen Handwerkern hergestellt wurde.

Glas ist in der Welt des Altertums ein sehr gewöhnliches Material gewesen, aber dieses Glas war ganz anders. Der Quarzgehalt liegt bei diesem bei etwa 98 bis 99%, mit einem extrem hohen Schmelzpunkt. Die Handwerker im Altertum waren nicht in der Lage, ein derart reines Glas zu produzieren und das auch noch bei derart hohen Temperaturen.

Es wurden mehrere Hypothesen über den Ursprung des Glases vorgeschlagen: ein Vulkanausbruch, ein Hagel von aus dem Weltraum stammendem, festem Material, der Einschlag eines Boliden, die Luftdetonation eines Himmelskörpers, usw.

Barakat hatte eine Idee, wo derartiges Glas herkommen könnte. Er wusste von einem arabischen Buch aus dem 10. Jahrhunderts mit einer Karte in seinem Inneren, welche den Standort des grünlich-gelben Minerals in der Sahara-Wüste anzeigte. Barakat schlug vor, dass die Araber die Quelle des Glases aus der Brosche Tutanchamuns entdeckt hatten. In dem Geologie-Museum, wo Barakat arbeitete, gab es Glasproben, die der englische Forscher Patrick Clayton im Jahr 1932 aus der Sahara mit sich gebracht hatte.

Clayton berichtete, dass er weit in der Wüste eine große Anzahl von Glasstücken entdeckt hatte, die über Tausende von Quadratkilometern verstreut waren. Er hatte keine Ahnung, wie diese dorthin gekommen waren.

Das Glas in Tutanchamuns Brosche und die Mineralproben aus der Sahara sahen sehr ähnlich aus.

Studien zeigten, dass das Glas vor 28,5 Millionen Jahren gebildet worden war.

Etwas, das auf die Erde getroffen war, erwärmte die Sandufer auf 2000 °C (3600 °F) und verwandelte sie in Glas. Aber was schlug vor 28,5 Millionen Jahre in unseren Planeten ein?

Der Nachweis über die Herkunft des seltsamen Glases wurde von Aly Barakat im Jahr 1996 in einem kleinen, schwarzen Kieselstein mit Mikrodiamanten in der Wüste unter den zahlreichen Glasstücken vorgefunden.

"Die NASA und die ESA (Europäische Weltraumorganisation) geben Milliarden von Dollars aus, um ein paar Mikrogramm des Kometenmaterial zu sammeln und es zurück auf die Erde zu bringen, und jetzt haben wir einen radikal neuen Ansatz für die Untersuchung dieses Material erlangt, ohne Milliarden von Dollars auszugeben, um es zu sammeln", sagte Jan D. Kramers von der Universität Johannesburg, Südafrika.

Der schwarze Kiesel wurde mit dem Namen "Hypatia" versehen, zu Ehren der Philosophin und Mathematikerin aus dem 4. Jahrhundert, Hypatia von Alexandria.

In dem Artikel "*Unique chemistry of a diamond-bearing pebble from the Libyan Desert Glass strewnfield, SW Egypt: Evidence for a shocked comet fragment*", der im Jahr 2003 in der Zeitschrift *Earth and Planetary Science Letters* veröffentlicht wurde, schrieben Jan D. Kramers et al.: "Wir schlagen vor, dass der Hypatia-Stein ein Überbleibsel des Fragments eines Kometenkerns ist, welcher nach der Aufnahme von Gasen aus der Atmosphäre einschlug. Sein gleichzeitiges Vorkommen mit dem Libyschen Wüstenglas lässt vermuten, dass dieses Fragment Teil eines Boliden sein könnte, der zerbrochen war und mit einer Luftdetonation explodierte, bei der das Glas gebildet wurde."

Das libysche Wüstenglas ist tribolumineszent.

In ihrem Artikel *"The Libyan Desert Silica Glass as a product of meteoritic impact: A new chemical-mechanical characterization"*, berichteten M. Guzzafame, F. Marino und N. Pugno, dass das libysche Wüstenglas tribolumineszent ist. Wenn es verkratzt, gebrochen, oder gerieben wird, strahlt es ein eigentümliches schwaches Leuchten aus. Diese Eigenschaft der Materialien wird als Tribolumineszenz bezeichnet.

Vielleicht strahlt der Blatthornkäfer selbst ein Leuchten aus, wenn er verkratzt, gequetscht oder gerieben wird, was für die alten Ägypter sehr nach Magie aussieht.

Die Gesamtmasse des Wüstenglases wurde auf ca. 1400 Tonnen geschätzt. Manches Wüstenglas enthält auch Iridium und Osmium.

Die Glasbruchstücke, die in einem Gebiet von etwa 6000 km² (2.300 Quadrat-Meilen) gefunden worden sind, werden als Überreste einer glasartigen Oberflächenschicht angesehen, resultierend aus Hochtemperaturschmelzvorgängen von Sandstein oder Sand, verursacht von einer Luftdetonation eines Kometen. Bislang wurde noch kein entsprechender Krater gefunden.

Die Forscher vermuten, dass der Stein das Ergebnis einer großen Luftdetonation eines mechanisch schwachen Boliden ist, der vor dem Einschlag in viele kleinere Fragmente zerbrochen war, so dass ein großer Teil seiner kinetischen Energie in Richtung Erwärmung der Atmosphäre und Schmelzen der Oberfläche ging. Die Geschwindigkeit des außerirdischen Objekts war hoch genug, um Schock-Diamanten zu erzeugen. Das wahrscheinliche Ursprungsgebiet ist wahrscheinlich der Kuipergürtel.

Mark Boslough, ein, in den Sandia National Laboratories in New Mexico ansässiger Experte auf dem Gebiet der Impaktphysik machte Computersimulationen von der Größe des Meteoriten und berechnete, dass ein Objekt, eines Durchmessers von etwa 120 Metern (390 Fuß) und einer Geschwindigkeit von 20 km (12.4 Meilen) pro Sekunde, das in der Atmosphäre auseinanderbricht, genügend Hitze produzieren würde, um Sand zu schmelzen und Glas zu erzeugen ohne einen Krater zurückzulassen.

"Was ich betonen möchte ist, dass die Energie hierzu um vieles größer ist als die von Atomtests", sagte Boslough." Zehntausend mal größer."

Ein Komet eines Durchmessers von 120 Meter und einer Geschwindigkeit von 20 km pro Sekunde, ist so stark wie zehntausend Atombomben.

Können Sie sich vorstellen, wie hoch die zerstörerische Kraft eines Kometen eines Durchmessers von 10.000 Metern und einer Geschwindigkeit von 40 km pro Sekunde wäre?

Über der Oberfläche der Wüste trieb sich eine Gassäule durch Selbstantrieb in den Weltraum. Die Gesamtauswirkung ist weit verheerender als dass sie einfach den Boden traf. Atombomben sind verheerender, wenn sie über der Oberfläche explodieren als wenn sie auf der Oberfläche explodieren.

Luftexplosionen sind viel wahrscheinlicher, wenn Himmelsobjekte leicht zerbrechen, wie Kometen oder aufgebrauchte Kometen, die zu Asteroiden werden, weil sie den Schutthäufen ähnlicher sind als festen Felsen.

In der Astronomie ist ein Trümmerhaufen ein Objekt, das kein Monolith ist und stattdessen aus einer Vielzahl von Gesteinsbrocken besteht, die sich unter dem Einfluss der Schwerkraft zusammengefügt haben. Er kann auch gewisse Anteile an Wasser, Staub und gefrorenen Gasen enthalten.

Der Wirkungsmechanismus eines riesigen Kometenfragments einer hohen Geschwindigkeit, das in mehrere große und viele kleine Stücke zerfällt und dabei die weitaus dichtere und mit viel mehr Sauerstoff gesättigte Atmosphäre der Kreidezeit und die Erdoberfläche trifft ist ganz anders als ein Asteroid der gleichen Größe, der die gegenwärtige Atmosphäre trifft, die viel dünner ist und viel weniger Sauerstoff enthält. Die meisten Computer-Simulationen der Katastrophe der Kreidezeit basieren auf dem Impakt eines einzigen Felsen (Asteroid), der die moderne Atmosphäre trifft. Und derartige Simulationen sind natürlich nicht in der Lage, das wirkliche Bild der KP-Katastrophe zu reproduzieren.

Eine Luftdetonation ist eine Explosion einer Bombe, einer Granate, oder eines Boliden in der Atmosphäre.

Natürlich vorkommende Luftdetonationen sind das Tunguska-Ereignis, das Curucá-Ereignis (auch bekannt als das brasilianische Tunguska-Ereignis), das Meteor-Ereignis von Chelyabinsk usw.

Die Luftdetonationen von Kernwaffen erfolgen in der Regel 100 bis 1000 Meter (mehrere hundert bis ein paar tausend Fuß) über dem Hypozentrum (die Oberflächenposition direkt unterhalb des Zentrums einer nuklearen Explosion), damit die Schockwelle der Explosion vom Boden abprallen kann und zu sich selbst zurück prallt, wodurch eine Schockwelle erzeugt wird, die kraftvoller ist als eine Detonation in Bodennähe.

Die Höhe einer nuklearen Luftdetonation wird variiert, um maximale Detonationseffekte, maximale thermische Effekte, Strahleneffekte, oder um in der Kombination dieser Effekte einen Ausgleich zu erzielen.

Zahlreiche kleine Weltraumgesteine eines zerfallenden Kometen, der in der Atmosphäre explodiert, können viel katastrophaler sein, als ein einziger Asteroid, der die Erde trifft.

Im Fall einer Explosion in Höhenlage, ist der Feuerball viel größer und er kann sehr große Flächen verwüsten. Ein signifikanter Verlust der Atmosphäre kann auftreten, abhängig von der Größe und der Anzahl der Fragmente des Hochgeschwindigkeits-Kometen, und der Höhe der Luftdetonationen.

Wenn ein Weltraumgestein groß genug ist, um, vor der Explosion, tief in die Atmosphäre einzudringen, kann die Explosion einen Strahl von Heißgasen erzeugen, die alles auf dem Boden verbrennen würden. Felsen und Sand würden zu Glas verwandelt werden.

Kleine, in der Atmosphäre explodierende Boliden könnten verheerender sein als einer, der die Erde trifft.

Zahlreiche kleine Luftdetonationen sind in der Lage, fast die gesamte Vegetation und viele

Tiere in riesigen Gebieten zu vernichten, und dabei keinen Krater zu hinterlassen.

Nach der Schockwelle und der Hitzewelle würden der saure Regen, die verminderte Sonneneinstrahlung und die Abkühlung des Klimas (aber kein Impaktwinter, außer in den Polarregionen) den größten Teil der Flora und Fauna in Meer und Festland vernichten.

Supercomputer-Simulationen der Sandia National Laboratories zeigen, dass das beeindruckende Ausmaß der Waldverwüstung bei Tunguska durch einen Boliden verursacht sein könnte, der nur einen Bruchteil so groß war als aus den bisher veröffentlichten Schätzungen hervorging.

Der Himmelskörper oder ein Fragment davon, der über der Oberfläche explodiert, wird bei Geschwindigkeiten, die schneller sind als der Schall, nach unten transportiert, wobei ein Feuerball gebildet wird, ein Hochtemperatur-Jet von expandierendem Gas.

Das Material eines ankommenden Weltraumkörpers wird durch die zunehmende Resistenz der Atmosphäre verdichtet, bis der Zeitpunkt kommt, bei dem die Temperatur und der Widerstand so hoch sind, dass es zu einer Explosion mit Luftdetonation kommt und dabei die erhitzten Gase nach unten getrieben werden.

Es ist möglich, dass am Ende der Kreidezeit ein Schwarm von einigen wenigen großen Fragmenten und hunderte von kleineren auf die Oberfläche oder auf die Ozeane trafen oder in der Luft detonierten.

Wenn der Komet sehr fragmentiert ist, könnte die Erde, über Tausende von Jahren, die Trümmerbahnen durchqueren, was Luftdetonationen verursachen würde.

Einige Wissenschaftler haben nahe gelegt, dass die verschiedenen Schichten der Rückstände des Einschlags ein Beweis dafür sind, dass mehr als ein Bolide an dem Massenaussterben beteiligt gewesen ist. Aber es gibt "keine Beweise für mehrfache Einschläge". Der fragmentierte Komet könnte vor, während und nach dem Hauptimpakt Luftdetonationen verursacht haben. Luftdetonationen erzeugen keine Krater. Allerdings können sie die Erdoberfläche, neben dem Kometenstaub, mit Iridium anreichern.

Auf der Venus gibt es keine Krater, die einen kleineren Durchmesser haben als etwa 1,5 bis 2 km (1 bis 1,2 Meilen), aufgrund der dichten Atmosphäre des Planeten, welche eine intensive Reibungswärme und starke aerodynamische Kräfte hervorruft, wenn Meteoriten auf den Planeten einstürzen. Nur größere Meteoriten erreichen die Oberfläche intakt, aber die kleineren werden abgebremst, fragmentiert und erfahren eine Luftde-tonation in der Atmosphäre.

Der Druck der Atmosphäre auf der Venus beträgt 92 bar, was in etwa dem Druck in einer Tiefe von 1 km in den Ozeanen der Erde ent-spricht.

In der Kreidezeit war die Atmosphäre auf der Erde nicht so dicht wie auf der Venus, aber sie war dichter als heute und begünstigte Luftdetona-tionen und Fragmentierung von Kometen und Kometenbrocken.

Der Luftdruck soll im Mesozoikum etwa 3 bis 8 bar betragen haben.

Duncan Steel, ein britischer Astronom und Astrophysiker, prägte den Begriff des *kohärenten Katastrophismus*. Die Theorie des kohärenten Kata-strophismus wurde von dem britischen Astrono-men Victor Clube und Bill Napier entwickelt. Sie besagt, dass die Erde in regelmäßigen Abständen massiven Anstürmen von Impakten unterliegt, wenn sie die Trümmerpfade fragmentierter Kome-ten durchquert. Die mehrfachen Impaktoren tref-fen einheitlich ein, im Gegensatz zu den sporadi-schen Ankünften der verheerenden Weltraumkörper.

Victor Clube und Bill Napier haben zu die-sem Thema zwei Bücher verfasst, *Kosmische Schlange*, im Jahr 1982 und *Der kosmische Winter*, im Jahr 1994, welche sich mit dem Ursprung der Kometen, historischen Einschlägen, und der Mythologie (auf der Suche nach Beweisen von Katastrophen) befassen. Die Autoren schlugen vor, dass die äußeren Planeten Jupiter und Saturn gelegentlich große Kometen in das innere Sonnensystem, in kurzperiodische Umlaufahnen, umleiten. Es ist möglich, dass sich Ablagerungen aus der resultierenden Desintegration dieser riesigen Kometen negativ auf die Umwelt der Erde auswirken. Die Kometenstaubwolke könnte das Klima deutlich abkühlen. Größere Fragmente, eine Art Super-Tunguska könnten eine schwere lokale Verwüstung hervorrufen, und manchmal sogar einen "Impakt-Winter".

Der K-Komet, seine Umlaufbahn, das Einstäuben der Erde mit Kometenpartikeln, und die Impakte der Fragmente sind keineswegs etwas Seltsames. Auch jetzt haben wir die Möglichkeit, ähnlich Ereignisse wie die des K-Kometen zu beobachten, natürlich auf sehr viel kleinerem Maßstab.

Ľubor Krešák, ein slowakischer Astronom, behauptete im Jahr 1978, dass ein Fragment des periodischen Kometen Encke für das Tunguska-Ereignis vom 30. Juni 1908 verantwortlich war.

Der Komet Encke und die jährlichen Tauriden Meteoritenschauer sind Überreste eines viel
größeren Kometen, der sich in den letzten 20.000
bis 30.000 Jahren aufgelöst hat, indem er in mehrere Stücke zerbrach und riesige Mengen an Kometenstaub und Weltraummüll freisetzte, der größte
Teil davon in einer Größe von Kieselsteinen und
Steinen, die sich bei Geschwindigkeiten von etwa
27 km pro Sekunde (17 Meilen pro Sekunde) am
Himmel entlang bewegten. Jetzt ist dieser Strom
von Materie der Größte im inneren Sonnensystem.
Da der Meteorstrom im Weltraum ziemlich verbreitet ist, benötigt die Erde mehrere Wochen, um
ihn zu passieren, was über einen längeren Zeitraum Meteoraktivität hervorruft. Die Tauriden
setzen sich aus Kieselsteinen zusammen und nicht
aus Staubkörnern. Aber es gibt auch größere
Fragmente, wie dasjenige, welches das Tunguska-
Gebiet in Sibirien getroffen hat.

Der Komet Encke vollendet alle drei Jahre
eine Umlaufbahn der Sonne, die kürzeste Zeit aller
bisher bekannten Kometen. Der Durchmesser des
Kerns (der feste zentrale Bereich) des Kometen
beträgt 4,8 km (2,98 Meilen). Die Umlaufbahn des
Encke wird häufig von den inneren Planeten gestört. Eine Annäherung zur Erde kommt in der
Regel alle 33 Jahre vor. Die Erde durchquert regelmäßig eine starke Material-Konzentration im

Strom, wobei intensivere Meteorschauer hervorgerufen werden. Alle 2.500 bis 3.000 Jahre gelangt
der Kern des Stroms näher an die Erde und erzeugt über ein paar Jahrhunderte viel intensivere
Meteorschauer.

Der Komet Encke ist wohl einer der am
höchsten entwickelten Kometen, die aktiv sind. Es
ist möglich, dass er einen Übergang zwischen einem aktiven Kometen und einem toten Kometen
darstellt.

Er entwickelt nur selten einen erkennbaren
Schweif, aufgrund der zahlreichen, früheren Besuche bei der Sonne. Der Komet ist teilweise "aufgebraucht", der größte Teil seines Eises (Flüssigkeiten und Gase) sind durch die Sonne verdampft
worden. Jetzt besteht Encke wahrscheinlich aus
einem kompakten Silikatrückstand, vermischt mit
etwas Eis.

Der Komet Encke gibt uns eine ziemlich gute Vorstellung von der Umlaufbahn und den, von
dem K-Kometen verursachten Ereignissen.

Abbott und Isley berichteten in der Zeitschrift *Earth and Planetary Science Letters*, dass ihre
statistische Analyse zeigt, dass 9 von 10 Perioden
des schweren Meteoritenbeschusses mit den Zeiträumen von massivem Vulkanismus übereinstimmen.

Die Theorie des antipodischen Vulkanismus besagt, dass der Aufprall eines großen Boliden auf der gegenüberliegenden Seite des Globus vulkanische Aktivität auslösen könnte.

Astronomen identifizieren Bereiche auf dem Mond, Merkur, und eisigen Satelliten, wo es antipodische Krater zu Vulkanen und Stellen mit gebrochener Kruste gibt.

David A. Williams und Ronald Greeley von der Arizona State University berichten in der Fachzeitschrift *Icarus*, dass Hellas Plenitia, das größte Einschlagbecken auf dem Mars, antipodisch zu Alba Patera ist, einem Ausbruch, der sich über fast 1600 km (1000 Meilen) über der Marsoberfläche erstreckte. Dies ist der größte Vulkan im Sonnensystem. Der Widerhall des Impakts in den Antipoden war so stark, dass Frakturen einer Tiefe von mehr als 160 km (100 Meilen) aufgerissen wurden, was einen gigantischen Lavastrom auslöste.

Eine Theorie, die vor kurzem von einem Team von Wissenschaftlern der Sandia National Laboratories vorgedrungen ist, erbringt den Vorschlag einer Doppelzerstörungsmaschine: Der Einschlag eines Boliden, der auf der gegenüberliegenden Seite der Erde massive Vulkanausbrüche ausgelöst haben könnte.

"Die Erde wirkt wie eine Linse", sagte Mark Boslough." Sie richtet sich nach der Energie. Es hat hierzu, in Bezug auf Asteroiden und Vulkanausbrüche, jede Menge an Spekulationen gegeben, aber wir haben die erste rigorose Modellierung ausgeführt, um zu zeigen, wohin die Energie tatsächlich geht."

Den Geologen ist seit langem bekannt, dass starke Erdbeben Schockwellen aussenden, die sich auf der Erde ausbreiten und sich an die Antipoden des Bebens richten.

In dem Artikel *"Axial focusing of impact energy in the Earth's interior: A possible link to flood basalts and hotspots"*, präsentierten M. Boslough, E. Chael, T. Trucano, D. Crawford und D. Campbell die Ergebnisse der Stossphysik, sowie seismologische und Computersimulationen, die zeigen, wie die Energie aus einem großen Impakt an das Innere des Planeten gekoppelt werden kann.

Sie schrieben: "Wir schlagen vor, dass das wahrscheinlichste Ergebnis der Fokussierung auf einen ausreichend großen Impakt, passend zu den, in der Erdgeschichte beobachteten Besonderheiten der Ausbruch einer Basaltflut an der Antipode sein würde, gefolgt von Hotspot-Vulkanismus. Eine direkte Vorhersage dieses Modells wäre die Existenz von unentdeckten Impakt-Strukturen, deren rekonstruierte Standorte antipodisch zu den, mit Basalt überfluteten Provinzen wären. Eine solche Struktur wäre im Indischen Ozean, in Verbindung mit dem Basaltvorkommen im Columbia River und in Yellowstone. Ein anderer wäre eine zweite KT-Impaktstruktur im Pazifischen Ozean, in Verbindung mit den Deccan Traps und Reunion."

Am Ende der Kreidezeit waren, aufgrund von tektonischen Plattenbewegungen, die Deccan Traps nicht antipodisch zu dem Chicxulub-Krater. Das schließt jedoch nicht aus, dass ein anderer, noch unentdeckter Krater seinen Beitrag zum Ausbruch bei den Deccan Traps geliefert hat. Andererseits besteht keine Notwendigkeit eines exakt antipodischen Impakts, um zusätzlich einen aktiven Vulkan zu aktivieren, wenn der Impakt sehr gewaltig gewesen ist.

Die enormen Lavaströme der Deccan Traps könnten riesige Mengen an Asche und Gase produziert haben, was weltweit zu einer Veränderung des Klimas und der Ozeanchemie führen würde.

Natürlich gibt es Forscher wie HJ Melosh, die denken, es gäbe kein einziges, klares Beispiel von durch Einschläge induziertem Vulkanismus, sei es in der Nähe eines Einschlags oder an den Antipoden des Planeten.

Ich denke, dass es durch Einschläge indu-
zierten Vulkanismus wirklich gibt und, dass Einschläge großer Boliden marine (Unterwasser-) und
Landbasaltströme verursachen und zusätzlich aktive Vulkane aktivieren können. Natürlich ist es
immer noch schwierig, marine Basaltströme zu
entdecken und zu untersuchen.

Die vulkanische Aktivität im Meer könnte
während der katastrophalen Ereignisse am Ende
der Kreidezeit die Situation der Lebewesen in den
Ozeanen erheblich verschlechtert haben.

Unterwasservulkane sind viel größer als
Oberflächenvulkane.

Das Tamu-Massiv ist ein erloschener sub-
mariner Schildvulkan im nordwestlichen Pazifik.
Es wurde nahezu in seiner Ganzheit von flüssigen
Lavaströmen gebildet. Das Tamu-Massiv ist der
größte, bislang auf der Erde dokumentierte Ein-
zelvulkan, und es gehört zu den größten im Sonnensystem.

Es gibt genügend Beweise dafür, dass die
KP-Ausrottung katastrophal war und nicht gradu-
ell erfolgt war.

Peter Ward berichtete in seinem, im Jahr
2006 in der Zeitschrift *Scientific American* veröffentlichten Artikel "*Impact from the Deep*", dass
durch Überprüfung der Isotopenverhältnisse in
den Proben aus der Zeit vor, während und nach

einer Massenausrottung, die Wissenschaftler einen verlässlichen Indikator für die Vielfalt der Pflanzenwelt, sowohl an Land als auch im Meer, erhalten.

Ward schrieb: "Wenn die Forscher solche Messungen für das KT-Ereignis in einem Diagramm aufzeichnen, entsteht ein einfaches Muster. Praktisch gleichzeitig mit der Aufstellung der so genannten Impaktschicht, die den mineralogischen Nachweis der Ablagerungen enthält, erfolgte mit dem dramatischen Abfall des ^{13}C über einen kurzen Zeitraum die Isotopieverschiebung des Kohlenstoffs, was auf ein plötzliches Wegsterben der Pflanzenwelt und eine schnelle Erholung deutet."

Das plötzliche Wegsterben der Pflanzenwelt führte zu einer schweren Lebensmittelknappheit und zu massivem Hungertod.

Laut Peter Ward, steht diese Feststellung ganz im Einklang mit den Fossilienfunden von Landpflanzen und dem Plankton des Meeres, welche in der KP- Katastrophe große Verluste hinnehmen mussten, und das Leben erholte sich rasch.

ATMOSPHÄRE UND METABOLISMUS DES MESOZOIKUMS

Die Uratmosphäre der Erde bestand hauptsächlich aus Kohlendioxid, Stickstoff und Wasserdampf. Das Kohlendioxid entgaste aus dem Erdmantel während der Aktivität von Vulkanen und den Vorgängen der Plattentektonik. Der atmosphärische Druck war sehr hoch, wahrscheinlich über 90 bar oder sogar noch höher, fast 120 bar, und er ging schrittweise zurück auf den gegenwärtigen Druck von 1 bar.

Die Atmosphäre der Venus, nahezu die Zwillingsschwester der Erde in Bezug auf Größe und Masse, enthält 96,5 % Kohlendioxid und der Luftdruck beträgt 92 bar, oder das 92-fache des Atmosphärendrucks an der Oberfläche der Erde zum gegenwärtigen Zeitpunkt.

Modellrechnungen zufolge, wird die Sonne alle Milliarden Jahre um 10 Prozent heller. Daher muss sie jetzt mindestens 40 Prozent heller sein als zum Zeitpunkt der Entstehung der Erde, aber die frühen Ozeane frohren trotz der schwachen Sonne nicht zu Eis, aufgrund des sehr hohen Drucks und der Fülle von atmosphärischem Kohlendioxid, was für einen verstärkten Treibhauseffekt sorgte.

Über Jahrtausende veränderte sich die gesamte Chemie der Erde, auch aufgrund der ersten

Organismen, die vor etwa 3,8 Milliarden Jahren erschienen waren. Sauerstoff, der als Nebenprodukt der Photosynthese freigesetzt wird, erschien in der Atmosphäre der Erde. Das Kohlendioxid wurde über die Jahrtausende aufgebraucht.

Der Luftdruck betrug während des Mesozoikums etwa 3 bis 8 bar, und er ging kontinuierlich zurück. Der Sauerstoffgehalt wurde immer höher, er lag zwischen 24 und 28 %, einige Forscher geben höhere oder niedrigere Werte an.

Einige fliegende Reptilien aus der Jura- und Kreidezeit wogen ungefähr zwischen 70 und 130 kg und hatte Flügelspannweiten von 10 bis 17 m. Der größte lebende Vogel ist der Strauß, der 140 Kg wiegt und mit einer Größe von 2,5 Metern stehen, jedoch nicht fliegen kann. Unter den modernen fliegenden Vögeln hat der Wanderalbatros die größte Flügelspannweite, von bis zu 3,5 Metern und der Trompetenschwan hat das höchste Gewicht, von bis zu 17 Kilogramm.

Die Gesetze der Luftfahrt und der Physiologie ermöglichen es den riesigen Kreaturen der Jura- und Kreidezeit nicht in der gegenwärtigen Luft zu fliegen, aber sie beherrschten den altertümlichen Himmel, weil die Atmosphäre dichter und reicher an Sauerstoff war.

Niedrigere oder höhere Sauerstoffkonzentrationen machen die Umwelt ganz anders: Wenn der Sauerstoff der modernen Atmosphäre unter 15 % läge, würde kein Feuer brennen. Wäre der Sauerstoffgehalt höher als 25%, würde sogar nasse organische Materie sehr leicht brennen und es würden permanent riesige Brände auf der Erde wüten.

Atmosphärenforscher Richard Turco stellte fest: "Bei höheren Sauerstoffkonzentrationen (vielleicht 30 % oder mehr) wird die Vegetation explosionsartig brennbar, demnach würde die Verbrennung bewirken, die Ansammlung von Sauerstoff zu begrenzen."

Der gegenwärtige atmosphärische Sauerstoffgehalt beträgt 21%, der Stickstoffgehalt 78% und der Kohlendioxidgehalt nur 0,035%.

James Lovelock, der Autor der Gaia-Hypothese, welche besagt, dass die Erde und alles, was sich darauf befindet ein einziges sich selbstregulierendes Lebewesen darstellt, berichtet, dass die Wahrscheinlichkeit, dass ein Blitz ein Feuer verursacht, sich bei jedem 1%-igen Anstieg der Sauerstoffkonzentration über 21%, um 70% erhöht. Lovelocks Zahlen basieren auf der Laborarbeit eines Kollegen, Andrew Watson von der Universität Reading.

Bei einem Sauerstoffgehalt über 25 %, würden die meisten terrestrischen Bereiche ständig brennen, was zu einer fast vollständigen Vernichtung der Vegetation führen würde oder, wenn die Sauerstoffkonzentration sinkt.

Lovelock schrieb in seinem Buch *Das Gaia-Prinzip*, "Sauerstoff war im Phanerozoikum (das Zeitalter der Pflanzen und Tiere) bei 21% des Volumens konstant. Der Beweis für diese konstant hohe Konzentration ist die Präsenz in den Sedimenten von Schichten, die Holzkohle enthalten. Diese können bereits vor 200 Millionen Jahren gefunden werden. Das Vorhandensein von Holzkohle bedeutet Feuer, wahrscheinlich Waldbrände. Dies setzt der Fülle von Luftsauerstoff scharfe Grenzen. Mein Kollege, Andrew Watson, zeigte, dass, nicht einmal bei trockenen Zweigen, ein Feuer in Gang gesetzt werden kann, wenn der Sauerstoffgehalt unter 15% liegt. Liegt er über 25 %, sind die Brände so heftig, dass sogar das feuchte Holz eines tropischen Regenwalds in einem fürchterlichen Grossbrand verbrennen könnte. Bei einem Sauerstoffgehalt unter 15 % würde es keine Holzkohle geben und läge er über 25%, keine Wälder. Der Sauerstoffgehalt befindet sich mit 21% nahezu auf halbem Weg zwischen diesen Grenzwerten."

In der spezifischen Treibhauswelt des Mesozoikums, mit einer viel dichteren Atmosphäre und hohen Anteilen an Sauerstoff und Kohlendioxid, werden Tiere und Pflanzen wesentlich größer und sie waren auch zahlreicher.

Die riesigen Reptilien und Insekten konnten nur in einer dichten Atmosphäre mit einem höheren Sauerstoffgehalt fliegen. Sie benötigten mehr Kraftstoff (Sauerstoff) für ihren Stoffwechselmotor und dickere Luft zur Unterstützung ihrer Flügel.

Robert Dudley vom *Animal Flight Laboratory* an der Universität von Kalifornien führte Experimente durch, um festzustellen, ob Fliegen, die bei Überdruck unter erhöhtem Atmosphärendruck (der einen höheren Sauerstoff-Partialdruck hat) aufgezogen werden, größer werden als ihre, unter Normalbedingungen aufgezogenen Artgenossen. Dudley berichtet, dass bei den Versuchstieren die durchschnittliche Körpermasse der Fruchtfliegen beider Geschlechter deutlich größer war als die der Insekten aus der Kontrolllinie.

Erhöhte Sauerstoffkonzentrationen und eine dichtere Atmosphäre führen bei den Tierarten zu größeren Körpermassen. Ein geringerer Sauerstoffanteil und dünnere Luft führen zu kleineren Tieren.

Matthew Clapham und Jered Karr aus der Universität von Kalifornien haben mehr als 10.500 fossile Insektenflügel untersucht. Ihr Datensatz zeigt deutlich, dass die maximalen Spannweiten fliegender Insekten dem Sauerstoff in der Atmo-

sphäre der ersten 150 Millionen Jahre der Evolution akkurat folgen. Da der Sauerstoffgehalt während des Perm ihren Höhepunkt erreicht hatte,
waren die Insekten damals am größten, als der
Sauerstoffanteil zurückging, schrumpften die Insekten.

Danach folgten die Insekten nicht mehr
dem Sauerstoffgehalt. Sie wurden sogar kleiner,
aufgrund des Vordringens der Vögel. Kleinere
Insekten waren schnell und wendig und überlebten die Vogelattacken.

Die, dem Stoffwechsel der Tiere des Mesozoikums zur Verfügung stehenden Sauerstoff-
mengen waren nicht nur von dem prozentualen
Anteil dieses Gases in der Atmosphäre abhängig,
sondern auch von dem Luftdruck. Der höhere
Druck bedeutete auch, dass mehr Sauerstoff zur
Verfügung stand.

Selbst wenn der prozentuale Anteil des
Sauerstoffs der gleiche ist, der Luftdruck aber höher, dann ist die Sauerstoffmenge in einem gegebenen Volumen höher. Die Menge eines Gases
wird in einem gegebenen Volumen durch den
Druck und die Temperatur bestimmt. Bei zunehmendem Luftdruck erhöht sich auch der Partial-
druck des Sauerstoffs.

Die Atmosphäre war in der Kreidezeit viel
reicher an Sauerstoff als sie es heute ist.

Im Mesozoikum stand für den Stoffwechsel der Tiere mehr Sauerstoff zur Verfügung: ein höherer prozentualer Anteil an Sauerstoff, ein höherer Druck und höhere Temperaturen. Die höheren Temperaturen und der höhere Druck erleichterten die Nutzung des Sauerstoffs.

Wenn ein Tier bei höherem Druck Luft atmet, z. B. in einer Überdruckkammer (oder so wie es im Mesozoikum war), steigt die Sauerstoffmenge im Blut deutlich an.

Das Atemsystem der Dinosaurier und deren Hämoglobin waren an die wesentlich höhere Sauerstoffkonzentration und an die dichtere Atmosphäre angepasst. Es unterscheidet sich von dem der modernen Tiere. Stünden Hämoglobinproben von Dinosauriern zur Verfügung, dann würden wir über deren Stoffwechsel mehr wissen, sowie über den Zusammenhang zwischen dem Sauerstoffgehalt und dem Aussterben der Arten.

Hämoglobin ist ein Sauerstofftransportprotein, welches dem Blut seine rote Farbe verleiht.

Die Atemwege des Tieres müssten auf den schnellen Abfall des Sauerstoffgehalts und des Luftdrucks mit Änderungen des Atemsystems und des Hämoglobins reagieren. Die Mutationen müssten sehr schnell erfolgen, und sollten hinreichend sein, damit die Tiere in der harten Umwelt nach dem Kometeneinschlag überleben konnten und, um die harte Konkurrenz um die Nahrung zu bewältigen.

Etwa 80 bis 90% der Stoffwechselenergie der Tiere kommt von dem Sauerstoff und nur 10 bis 20 % von der Nahrung.

Stoffwechsel ist ein Oberbegriff für chemische Reaktionen, welche die Nahrungsmittel abbauen, um Energie für die Funktionen eines Organismus herbeizuliefern, um zu wachsen und sich zu vermehren, um die Strukturen aufrecht zu erhalten, und um auf die Umwelt zu reagieren. Der Stoffwechsel von Nahrungsmitteln erfordert eine konstante Zufuhr von Sauerstoff.

Fett, Kohlenhydrate (allgemein als Zucker bezeichnet) und Proteine müssen sich mit Sauerstoff verbinden, damit der Organismus Energie produzieren kann. Tiere müssen die Nahrung "verbrennen".

1 Gramm Kohlenhydrate (Zucker) erfordert 0,8 Liter Sauerstoff und liefert 4,1 kcal.

1 Gramm Protein erfordert 1,2 Liter Sauerstoff und liefert 5,5 kcal.

1 Gramm Fett erfordert 2,2 Liter Sauerstoff und liefert 9,5 kcal.

Die Arten des Mesozoikums, vor allem die Dinosaurier, nutzten die großen Mengen an Sauerstoff, die reichliche Nahrung, und das gleichmäßig warme Klima mit nur geringen jahreszeitlichen Schwankungen.

Warum gab es während des Mesozoikums keine Jahreszeiten oder nur geringe saisonale Veränderungen? Wegen der Atmosphäre. Die dichte Atmosphäre mit einem höheren Kohlendioxidgehalt schützte die Erde wie eine Winterjacke.

Der Stoffwechsel der Tierwelt des Mesozoikums ist anders als bei den modernen Tieren, weil die Atmosphäre, die sie atmeten anders war.

Die großen Dinosaurier mussten keine echten Warmblüter sein, weil ihnen genug Energie (viel Sauerstoff und Nahrung), sowie ein gleichmäßig warmes Klima zur Verfügung stand, und sie keine Rivalen außerhalb der Dinosaurier hatten.

In dem Artikel *"Resources and energetics determined dinosaur maximal size"*, der im Jahr 2009 in der Fachzeitschrift *Proceedings der National Academy of Sciences* veröffentlicht wurde, schrieb Brian K. McNab, "ich bin zu dem Schluß gekommen, dass große, herbivore und fleischfressende Dinosaurier homeothermisch waren, als Folge ihrer sehr großen Massen, aber sie zeichneten sich nicht durch Stoffwechselraten aus, die bei Säugetieren oder fliegenden Vögel zu erwarten wären, was andeutet, dass mittlere Körpertemperaturen, die mit der Körpermasse variieren, wahrscheinlich die Sauropoden und Theropoden charakterisiert haben."

"Das Vorhandensein von Stoffwechselraten bei Dinosauriern, die zwischen denen der meisten lebenden Reptilien und der lebenden Vögel und Säugetiere lagen, wird unter Berücksichtigung der Gegenden, die sie bewohnten, unterstützt, der Populationsgrößen, der Koexistenz von Theropoden, sowie einer Untersuchung von Sauerstoff-Isotopen der Knochen, was wahrscheinlich zu einer Dichte der Populationsbiomasse führte, die merklich größer ist, als die heute bei Ostafrikanischen Säugetieren vorgefunden wird."

Kein echter Warmblüter zu sein, stellte für sie eine Art und Weise dar, das Problem mit der Überhitzung ihrer riesigen Körper in dem heißen, feuchten Klima des Mesozoikums zu lösen. Die Ableitung der Körperwärme ist bei heißem Wetter und dichter Atmosphäre schwieriger. Die großen Dinosaurier hätten große Schwierigkeiten bekommen, wenn sie echte Warmblüter gewesen wären.

Vogelartige Dinosaurier wurden warmblütig und kleiner, um effizienter zu fliegen.

Der Stoffwechsel war nicht allen Dinosauriern gleich. Einige waren warmblütiger als andere.

Wahrscheinlich hatten die meisten von ihnen einen spezifischen Dinosaurier-Stoffwechsel.

Die Atmosphäre des Mesozoikums, mit sehr viel höheren Mengen an Kohlendioxid und einem höherem Atmosphärendruck, half den Pflanzen schneller zu wachsen und größer zu werden. Mit den vielen Pflanzen, gediehen pflanzenfressende Dinosaurier und boten viel Nahrung für ihre fleischfressenden Verwandten. Sowohl die Pflanzenfresser als auch die Fleischfresser wurden furchterregend, aufgrund ihres Zugangs zu großen Mengen an Energie: Nahrung und Sauerstoff.

Säugetiere, die gegenwärtig dominante Spezies, können die riesige Größe der dominanten Spezies des Mesozoikums, der Dinosaurier, nicht erreichen, weil die moderne Atmosphäre mit einem geringeren Sauerstoffgehalt, einem niedrigerem Luftdruck und geringeren Anteilen an Kohlendioxid anders ist.

Dinosaurier waren sehr gut an das Zeitalter des Mesozoikums angepasst. Sie herrschten über eine bestimmte Welt.

Dinosaurier wären nicht in der Lage, in der heutigen Welt zu leben. Dafür gibt es viele Gründe: eine andere Atmosphäre, andere Mikroorganismen usw. Daher müssten heutige Dinosaurier gentechnisch so verändert sein, um in dem zeitgenössischen Ökosystem zu überleben. Es ist nicht möglich, in einem offenen Lebensraum die originale, authentische Flora und Fauna der Welt des Mesozoikums zu rekonstruieren, wie es Michael Crichton in seinem Buch *Jurassic Park* getan hat.

ENERGIEPROBLEM

Das, was die Dinosaurier zu einer dominanten Spezies machte, wurde bei den Ereignissen des K-Kometen zu ihrem größten Hindernis.

Für die Pflanzen und Tiere des Mesozoikums, war die Katastrophe der Kreidezeit eine metabolische Katastrophe.

Während der Ereignisse des K-Kometen verringerte sich der Sauerstoffgehalt der Luft schlagartig. Aufgrund der enormen Mengen an brennbaren flüchtigen Elementen (gefrorene Gase und Flüssigkeiten) und die sehr hohe Geschwindigkeit, wurde ein Teil der Atmosphäre durch die Impaktwellen und die Säule überhitzter Gase in den Weltraum hinausausgestoßen. Mit der teilweise verlorenen Atmosphäre, wurde der Luftdruck niedriger.

In seinem Artikel *"Atmospheric erosion induced by oblique impacts"*, schrieb V. Schuwalow: "Kometen einer hohen Geschwindigkeit verursachen in der Regel eine stärkere atmosphärische

Erosion als Asteroiden, die mit niedrigeren Geschwindigkeiten auf die Erde treffen."

"Abschließend sollte man darauf hinweisen, dass ein erheblicher Teil (mehr als die Hälfte
für die moderne Erde) der Impaktoren in den
Ozean fallen. Das Vorhandensein einer Wasser-
schicht kann die Parameter der Impakt-Welle erheblich verändern und damit auch die Masse der
entweichenden Luft. Die Ergebnisse sind wahrscheinlich von dem Verhältnis zwischen der Größe des Projektils der Wassertiefe abhängig."

Der Chicxulub-Einschlag erfolgte in flachen
Gewässern. Der K-Komet war zersplittert und es
ist möglich, dass mehrere andere Stücke in den
Ozean eingeschlagen sind.

Ein Teil der Atmosphäre war im Weltraum
verloren gegangen, ein Teil des Sauerstoffs war
während der Impakt-Ereignisse verbrannt. Der
größte Teil der Sauerstoff produzierenden Pflanzen im Meer und auf dem Land wurden vernichtet.

Der Sauerstoffgehalt der, nach dem Einschlag ernüchterteten Atmosphäre, nahm immer
mehr ab, weil die meisten der Sauerstoff produzierenden Pflanzen vernichtet wurden, durch
Waldbrände, durch den gewaltigen, globalen
Wärmeimpuls, den schweren sauren Regen, durch
die Einschläge und die Ansäuerung der Meere.

Das, aufgrund der massiven Staubwolken aus der Explosion des Impakts, den Vulkanen, den verlängerten Bränden von fossilen Brennstoffen, Kometenstaub und den Flächenbränden abgeschwächte Sonnenlicht verringerte den, von den schwindenden Land-und Meerespflanzen produzierten Sauerstoff. Das Phytoplankton des Meeres ist der wichtiste Sauerstoffproduzent. Es erfolgte ein großer Verlust an Phytoplankton.

"An der Kreide-Paläogen-Grenze, wurden 93 Prozent des Nannoplanktons ausgerottet", sagte Timothy J. Bralower, Professor der Geowissenschaften an der Universität von Kalifornien. "Nannoplankton ist die Basis der Nahrungskette im Meer. Wenn es ausstirbt, werden andere, größere Organismen, die sich davon ernähren Probleme bekommen."

Bralower und sein Team fanden heraus, dass das Extinktionsniveau sehr gut mit der geographischen Breite korreliert. Die Aussterberate war in der nördlichen Hemisphäre am höchsten, die südliche Hemisphäre wies hingegen abnehmende Extinktionsniveaus auf. Die Einschläge erfolgten in der nördlichen Hemisphäre.

Der Sauerstoffmangel nach den Einschlag-Ereignissen vernichtete die Arten nicht direkt. Es gab nur einen Wettbewerbsvorteil für einige Arten gegenüber anderen Arten.

In Höhenlagen der Berge, sinkt der Luftdruck aber der Sauerstoff macht weiterhin etwa 21% der Gase in der Luft aus, wie es auf dem Meer der Fall ist. Allerdings gibt es weniger Sauerstoff, weil alle Gase der Luft weniger geworden sind. Zum Beispiel, wenn Sie sich in den Bergen auf 3.700 Meter (12.000 Fuß) Höhe begeben, ist der Luftruck um etwa 40% niedriger als auf Meereshöhe. Dies bedeutet, dass Sie mit etwa 40 % weniger Sauerstoff auskommen müssen.

Wenn der Luftdruck 2 bar betragen würde, dann stünde den Organismen zwei Mal (100 Prozent) mehr Sauerstoff zur Verfügung.

Würde der Sauerstoffanteil 26% betragen, dann würden die Organismen 5% mehr Sauerstoff bekommen als moderne Organismen.

Dies ist um zu zeigen, wie wichtig die Dichte der Atmosphäre für die Bereitstellung von Sauerstoff für die Arten ist.

Auch wenn der Sauerstoffgehalt am Ende der Kreidezeit nur 15 % betragen hätte, die Dichte aber 2 bar, dann hätten die Arten der Kreidezeit mehr Sauerstoff zur Verfügung gehabt als die gegenwärtigen Arten.

Ein höherer Sauerstoffgehalt, z.B. 28 % vs 21% von heute, ist nicht genug, um den Riesenwuchs der ehemaligen Arten zu erklären. Auch die Dichte der Luft sollte höher sein.

Für den Menschen ist ein niedriger Luftdruck in der Regel der wichtigste limitierende Faktor in Hochgebirgsregionen. Der Anteil von Sauerstoff in der Luft bei zwei Meilen (3,2 km) ist etwa der gleiche wie auf Meereshöhe. Der Luftdruck ist jedoch um 30% niedriger im Vergleich zu den Höhenlagen, weil die Atmosphäre eine geringere Dichte aufweist. Höhenhypoxie (Höhenkrankheit) beginnt in der Regel mit der Unfähigkeit, normale körperliche Aktivitäten auszuführen, Verzerrtsehen, Kopfschmerzen, Müdigkeit, Erbrechen, Appetitlosigkeit, Probleme mit dem Gedächtnis und dem Denken. Pulsfrequenz und Blutdruck steigen stark an, weil das Herz stärker pumpt, um mehr Sauerstoff in die Zellen zu befördern. Das ist sehr anstrengend, vor allem für große Tiere.

Die Menschen aus dem Hochgebirge produzieren mehr Hämoglobin im Blut und steigern die Erweiterungsfähigkeit ihrer Lungen, damit genügend Sauerstoff mit dem Blut transportiert wird. Wenn Tiere in einem Umfeld eines sehr hohen Sauerstoffgehalts leben, sollten wir das Gegenteil erwarten: geringere Mengen an Hämoglobin, verändertes Hämoglobin, und die Tiere hätten kleinere Lungen im Vergleich zu ihrer Körpergröße.

Im Jahr 2009 schrieben G. Keller, A. Sahni und S. Bajpai in ihrem Artikel *"Deccan volcanism, the KT mass extinction and dinosaur"*, dass "Jüngste Fortschritte bei den Studien zum Dekkan-Vulkan drei vulkanischen Phasen anzeigen, wobei die 1. Phase vor 67,5 Millionen Jahren stattgefunden hatte und ihr eine 2 Millionen Jahre lange Ruheperiode folgte. Die 2. Phase kennzeichnet die wichtigsten Vulkanausbrüche des Dekkan, im Chron 29r gegen Ende des Maastrichtium und erklärt ca. 80 % des gesamten 3.500 m dicken Lavahaufens des Dekkan. Mindestens vier der weltweit längsten Lavaströme, die sich 1.000 km quer durch Indien erstrecken, bis in den Golf von Bengalen, kennzeichnen die 2. Phase."

Die Hauptphase des Ausbruchs der Lavaströme im Dekkan, hier Phase 2, erfolgte gegen Ende der Kreidezeit.

Die gewaltige vulkanische Lava floß über den Golf von Bengalen in den Ozean und die vulkanischen Gase säuerten den Ozean über längere Zeit an, wahrscheinlich über 100.000 Jahre.

Die Ansäuerung des Ozeans, eine über längere Perioden reduzierte Sonneneinstrahlung und die Abkühlung des Klimas aufgrund der Kometenwolke brachte die marine Flora und Fauna durcheinander, sowie auch die Produktion von

Sauerstoff durch das Phytoplankton des Ozeans, der wichtigste Sauerstoffproduzent.

Die Energiemengen, die den Tieren des Mesozoikums während der katastrophalen Ereignisse zur Verfügung standen waren deutlich reduziert aufgrund des riesigen Verlusts an Pflanzenmasse und des Rückgangs des verfügbaren Sauerstoffs. Das Ökosystem war nicht mehr in der Lage, eine so große Anzahl an Tieren aufrecht zu erhalten. Besonders betroffen waren die großen Arten, die den Energieentzug nicht überleben konnten.

Der Sauerstoff in der Atmosphäre ist zurückgegangen, aber auch in den Gewässern. Der gelöste Sauerstoff im Meerwasser, Süßwasser oder Grundwasser war aufgebraucht.

Die Umweltbedingungen waren während der Kometen-Einschläge am schlimmsten, aber die verminderte Sonneneinstrahlung, das kühlere Klima, der niedrigere Sauerstoffgehalt, und die Einschränkung der Nahrungsmittel dauerte über Zehntausende von Jahren nach den Einschlägen fort.

Erste Symptome von Sauerstoffmangel können Müdigkeit, allgemeine Schwäche, Kreislaufprobleme, Verdauungsprobleme, Muskelschmerzen und Schmerzen, Schwindel, Gedächtnisverlust und irrationales Verhalten umfassen. Wenn das Immunsystem durch einen Mangel an

Sauerstoff beeinträchtigt wird, ist der Körper anfällig für opportunistische Bakterien und Pilze, virale und parasitäre Infektionen, Grippe und Erkältungen. Reptilien sind sehr anfällig für Pilzkrankheiten, während Säugetiere sehr widerstandsfähig gegen Pilzkrankheiten sind.

Nach dem Impakt erlitt die Vegetation eine kurze, aber schwere Krise. Die Verwüstung der Wälder und anderer Pflanzen, nach dem Impakt an der KP-Grenze war ein globales Phänomen. Die Hälfte der Pflanzenarten ist während der K-Kometen-Ereignisse ausgestorben und wurde von anderen Arten ersetzt, welche vielen Tieren, die eine derartige Vegetation nicht gewohnt waren, nur zusätzliche Probleme bereitete.

Unterhalb der Grenze gibt es riesige Mengen an Angiospermenpollen (eine feine pulverförmige Substanz, die in den Staubbeuteln von Blütenpflanzen produziert wird), an der Grenze selbst und einige Zentimeter darüber gibt es jedoch nur sehr wenige oder überhaupt keine Angiospermenpollen. Hier dominieren stattdessen Farnsporen. Farne sind die ersten Pflanzen, die verwüstetes Land besiedeln. Höhere Pflanzen kehren später zurück.

Douglas Nichols und Kirk Johnson schrieben in ihrem Buch *Plants and the K-T Boundary*, "Tschudy fand eine moderne Nachbildung für

diese Vorreiter-Pflanzengesellschaft in der Beschreibung der Vulkaninsel Krakatau in Indonesi-
en, deren Vegetation von einer veheerenden Explosion im Jahr 1883 weggewischt worden war.
Richards veröffentlichte einen Bericht über die
Wiederbesiedlung von Krakatau durch Pflanzen.
Die ersten Besucher der Caldera fanden keine lebenden Pflanzen auf der Insel. Ein Botaniker, der
im Jahr 1886 angereist war, hatte festgestellt, dass
einige Pflanzen zurückgekehrt waren und er war
davon beeindruckt, dass der größte Teil davon
Farne waren. Ein paar Jahre später hatten aus nahe gelegenen Inseln eingewanderte Arten die
ehemaligen, diversen Gemeinschaften offenbar
wieder hergestellt."

In der, während der KP-Katastrophe stark
beanspruchten Umwelt, benötigten die Tiere noch
mehr Energie aus Sauerstoff und Nahrung, um zu
überleben.

Dinosaurier verloren während der katastrophalen Ereingnisse schlagartig ihre Stoffwech-
selvorteile, weil der Luftdruck und der Sauerstoffgehalt zurückgegegangen und die Temperaturen
abgefallen waren, die Nahrung knapp wurde, und
Jahreszeiten in Erscheinung getreten sind.

Die Copesche Regel, benannt nach dem Paläontologen Edward Drinker Cope, postuliert,
dass Stammeslinien in der Evolution dazu neigen,

immer größere Formen auszubilden. Große Tiere finden es leichter, Raubtiere zu vermeiden oder zu bekämpfen, eine Beute zu fangen oder Konkurrenten abzutöten, usw. Auch wenn dies die individuelle Fitness erhöht, bleibt dadurch die Spezies anfälliger für eine Ausrottung.

Viele Forscher gehen davon aus, dass es einen fortdauernden Impakt-Winter gegeben hat, aber eigentlich besteht keine Notwendigkeit, dass ein derart drastischer Rückgang der Temperaturen das Massenaussterben verursacht hat. Die Abkühlung des Klimas ist nicht so drastisch gewesen, um mit einem nuklearen Winter oder einem Impakt-Winter verglichen zu werden.

Einige Forscher behaupten, dass der hypothetische Impakt-Winter nicht in der Lage ist, die Dinosaurier abzutöten, weil sie an kaltes Klima gewohnt waren, einige von ihnen lebten weit im Norden und Süden. Es gab Polar-Dinosaurier. Diese Gelehrten behaupten, dass diese Anpassung einiger Arten an kühles Klima diejenigen Hypothesen für ungültig erklärt, nach denen das Aussterben der Dinosaurier das Ergebnis einer langfristigen klimatischen Abkühlung war. Eine sehr naive Idee. Denn, die Tatsache dass es jetzt Tiere gibt, die in der Nähe der Pole leben, bedeutet noch lange nicht, dass, wenn Sie jetzt Tiere aus den Tropen nehmen und diese zu den harten polaren

Bedingungen bringen, sie dort überleben werden, nur weil es einige Tiere gibt, die unter solchen Bedingungen leben können. Die Polar-Dinosaurier würden eine signifikante Abkühlung auch nicht überleben, denn das raue Wetter würde sogar für die Tiere, die daran gewöhnt sind, unerträglich werden.

Auf der anderen Seite, ist kein Tier, einschließlich des Menschen in der Lage, sich daran zu gewöhnen, keine Nahrung aufzunehmen; die schwere Nahrungsmittelknappheit war das Hauptproblem bei Katastrophe der Kreidezeit.

Nur kleine Tiere, die es gewohnt sind, kleine Mengen an Nahrungsmitteln aufzunehmen, konnten überleben. Zu Beginn der Katastrophe gab es mehr als genug Nahrung für Fleischfresser und Allesfresser, wegen der großen Mengen an toten Pflanzenfressern aber schon bald waren die Leichen zerfallen, und kleine flinke Tiere zu fangen war eine sehr schwierige Aufgabe, und die Fleischmenge der Beutetiere reichte nicht aus, um die riesigen Tiere zu füttern. Stellen Sie sich einen Löwen vor, der sich nur von Mäusen ernährt! Ein Löwe verzehrt etwa 5 bis 60 kg Fleisch pro Tag. Erwachsene Löwenmännchen wiegen zwischen 150 und 250 kg (330 bis 550 lb) und die Weibchen zwischen 120 und 182 kg (264 bis 400 lb). Wovon ernähren sich Löwen? Praktisch von jedem Tier, das sie fangen können. Aber die meisten ihrer Opfer wiegen zwichen 50 und 300 kg. Das Durchschnittsgewicht einer Maus beträgt 20 bis 40 Gramm. Es ist unmöglich, dass ein Löwe täglich Hunderte von Mäusen fängt, um zu überleben. Der Löwe würde verhungern. Die Dinosaurier waren in der gleichen Situation.

Nach den Einschlägen des K-Kometen fand der Wettbewerb zwischen den kleinen Tieren statt. Keine der großen Arten konnte überleben.

Dr. Robert T. Bakker, ein Paläontologe an der Universität von Colorado, sagte der *New York Times* im Jahr 1990: "Es ist, als ob die Natur eine intelligente Bombe auf das Tierreich abgezielt hätte, die dazu bestimmt war, nur bestimmte Gruppen zu töten, insbesondere die großen Landtiere."

"Weshalb die kleinen Tiere überlebten, während die größeren ausgestorben sind, bleibt ein Rätsel", sagte Bakker in dem Interview.

Forscher stellen sich oft die Frage, weshalb einige Arten ausgestorben sind, während andere überlebt haben. Der wichtigste Faktor war die Körpergröße: nur kleine Arten überlebten die harte Zeit der stark reduzierten Energie. Kleintiere kommen mit geringen Mengen an Nahrung und Sauerstoff viel besser zurecht. Experimente beweisen ebenfalls, dass kleine Tiere in einer sauerstoffarmen Umgebung besser abschneiden.

John Harrison, Professor für Biologie an der Arizona State University und der Doktorand Scott Kirkton testeten die aerobe Leistungsfähigkeit von Heuschrecken bei unterschiedlichen Mengen an Sauerstoff, und stellten fest, dass kleinere Heuschrecken in der Lage sind, nonstop zu hüpfen, bei einem atmosphärischen Sauerstoffgehalt, der niedriger ist als unsere 21%. In der Tat, die kleinsten Heuschrecken hatten nicht einmal Probleme bei einem Sauerstoffgehalt von weniger als 5%.

Wie sieht es bei den größeren Heuschrecken aus? Sie waren genau das Gegenteil von ihren kleineren Brüdern und Schwestern, da sie schneller ermüdeten und ihre Sprungraten schnell auf Null sanken. Wurden ihnen jedoch zusätzliche Dosen an Sauerstoff verabreicht, fingen sie an mehr zu hüpfen, was stark darauf hinweist, dass ein mit Sauerstoff stimulierter Impuls ihre Leistung erhöht.

Nach den KP-Ereignissen betrug die durchschnittliche Körpergröße der Tiere zwischen 2 und 5 kg. Alle Arten, über 25 kg sind ausgestorben.

Die lebenden Tiere waren im Durchschnitt so groß wie Katzen, Hühner und Kaninchen. Die größten unter ihnen waren so "groß" wie Hunde und Ziegen.

Die kleinsten Dinosaurier stammten vor allem aus dem späten Trias und dem frühen Jura.

Die meisten von ihnen starben vor dem Ende der Kreidezeit. Die Dinosaurier wurden in der späten Jura- und in der Kreidezeit am größten.

Der größte Teil des Artensterbens, vielleicht bis zu 95 Prozent, erfolgte als natürliche Ausrottung, die sich im Laufe der Zeit ereignete. Dies wurde nicht durch schwerwiegende Katastrophenereignisse oder drastische Klimaveränderungen verursacht. Die meisten Dinosaurier-Arten gingen durch natürliche Ausrottung zugrunde, was während des Mesozoikums erfolgte.

Niemals haben alle Dinosaurier-Arten zur gleichen Zeit gelebt. Es lebten jeweils unterschiedliche Dinosaurier-Arten in Trias, Jura und Kreidezeit.

In den Filmen sehen wir Stegosaurus und Tyrannosaurus Seite an Seite, aber in Wirklichkeit war der Stegosaurus-Dinosaurier aus der Jurazeit bereits ca. 80 Millionen Jahre vor dem Erscheinen des Tyrannosaurus-Dinosauriers der Kreidezeit ausgestorben.

Große Tiere waren nicht in der Lage, sich durch die Kreide-Paläogen-Energiefilter zu quetschen. Sie waren einfach zu groß. Die Werte des Körpergewichts der Dinosaurier lagen zwischen einer und zehn Tonnen. Weit höher als das maximal "erlaubte Gewicht" von 25 kg.

Wissenschaftler haben festgestellt, dass Süßwasserarten weitgehend überlebt hatten und sie fragen sich, weshalb. Süßwasserarten sind in der Regel viel kleiner als die Tiere an Land und Meer, was den meisten von ihnen geholfen hat, zu überleben. Auf der anderen Seite, ernährten sich viele von ihnen von toten Pflanzen und Tieren. Die Regenfälle fügten für die Tiere in Flüssen und Seen ständig Nahrungsmittel hinzu: Tote und lebende Pflanzen, Samen, Blätter, Teile von Gehölzen usw.

Viele Wissenschaftler vermuten, dass der Einschlag bei den Ausrottungen eine gewisse Rolle gespielt hatte, aber nicht entscheidend war.

Allerdings, wenn es den Einschlag des K-Kometen nicht gegeben hätte, hätten die Dinosaurier und viele andere Arten den Deccan-Vulkanismus, die marine Regression usw. überlebt. Vulkanismus und andere Unruhen waren nur Faktoren, die zur Massenausrottung beitrugen, sie sind jedoch nicht der Grund gewesen. Es gibt auch andere Faktoren in den Theorien der verschiedenen Gelehrten, die ich im nächsten Kapitel vorstellen werde.

Hätte es den Einschlag des K-Kometen nicht gegeben, gäbe es keine KP-Grenze, die Grenze zwischen zwei unterschiedlichen Welten mit unterschiedlichen Pflanzen und Tieren.

75 % der Arten waren bei der Massenaus-
rottung weggestorben. Allerdings kurbelte die
Katastrophe der Kreidezeit die Evolution auf der
Erde an.

Die Ergeignisse des Kometeneinschlags boten einen bestimmten und entscheidenden Schlag
auf das Ökosystem, das bereits etwas unter Stress
stand, was aber noch lange nicht kritisch war. Mit
dem Einschlag des K-Kometen wurden das Ökosystem, sowie die Flora und Fauna für immer verändert.

Nach dem K-Kometen, ging die Welt des
Mesozoikums zu Ende.

DAS TUNGUSKA-BEISPIEL

Die KP-Ereignisse haben einige wichtige
Besonderheiten, wobei eine befriedigende Theorie
über die Ausrottung in der Lage sein sollte, diese
richtig zu erklären.

Sie sollte den Verlust eines Teils der Erdatmosphäre erklären. Aber wie können wir wissen,
dass ein Teil der Luft der Erde verloren gegangen
war? Die Tiere, die überlebt hatten und die Vegetation (Nahrung für Pflanzenfresser) erholten sich
sehr schnell, aber sie konnten nicht so groß werden wie vor den katastrophalen Ereignissen aufgrund des Verlusts der Atmosphäre. Der Sauer-

stoffgehalt und die Dichte der Luft in der post-
katastrophalen Welt waren zu gering, um den, bei
den Tieren des Mesozoikums so geläufigen Gigantismus wiederherzustellen. Auch in der gegenwärtigen Atmosphäre erreichen die Tiere und Pflanzen nicht die gigantische Größe des
vorkatastrophalen Zeitraums, der durch einen hohen Gehalt an Luftsauerstoff und einer massgebli-
chen Luftdichte gekennzeichnet war.

Die Theorie des Asteroideneinschlags ist
nicht in der Lage, viele der Besonderheiten der
KP-Ausrottung auf eine zufriedenstellende Weise
zu erklären. Dazu gehört auch der Verlust eines
Teils der Atmosphäre. Das Eindringen eines Kometen gibt ein besseres Bild von den Extinktions-
ereignissen, aber wir sind noch immer nicht in der
Lage, den genauen Mechanismus des Verlusts der
Atmosphäre herauszufinden.

Die Analyse der Explosion des Tunguska-
Meteoriten gibt uns wichtige Hinweise und eine
Arbeitshypothese, die uns helfen könnte, den Me-
chanismus des Luftverlustes zu erklären.

Das Tunguska-Ereignis ist die größte Explosion eines Meteoriten seit Menschengedenken
und hat sich erst vor etwa 100 Jahren ereignet,
wodurch es uns möglich ist, viele relativ zuverläs-

sige Berichte von Zeugen zu bekommen, sowie authentische, wissenschaftliche Forschungsdaten aus dem Jahr des Impakts, etwas aus erster Hand.

Das Kernstück der Tunguska-Ereignisse war die Luftdetonation eines Himmelskörpers, die sich in der Nähe des Flusses Podkamennaya Tunguska in Sibirien, Russland, am 30. Juni, 1908 um etwa 07.14 Uhr zugetragen hat.

An diesem Tag war die, vom Kometen Encke verursachte Tauriden-Meteorschauer auf ihrem Höhepunkt. Wahrscheinlich war der Tunguska-Meteorit ein Kometenfragment von Encke.

Ľubor Krešák verknüpfte die Tunguska-Ereignisse an den Kometen 2P/Encke, der Mutterkörper des jährlichen Meteorschauers der Beta Tauriden, dessen Intensität in den letzten Juni-Tagen ihr Maximum erreichen. Er legte nahe, dass die Umlaufbahn des Tunguska-Meteoriten mit einem Streu-Fragment aus dem Meteoritenschauer übereingestimmt haben könnte.

Die Tunguska-Ereignisse haben mehrere Tage vorher begonnen. In Westeuropa, großen Gebieten des europäischen Teils von Russland und Westsibirien, beobachten die Menschen am Abendhimmel seltsame silberne (nachtleuchtende) Wolken, helles Dämmerungslicht, grün und rot gefärbte Himmel, sowie Halos um die Sonne. Halos sind ein optisches Phänomen, das von winzigen Eiskristallen produziert wird, welche farbige oder weiße Bögen und Flecken am Himmel erzeugen. Die Kristalle verhalten sich wie Prismen und Spiegel.

Diese optischen Phänomene hoch oben am Himmel, verstärkten sich drei Tage vor der Explosion.

Leuchtende Nachtwolken sind dünne, wolkenartige Phänomene in der oberen Atmosphäre, die sichtbar sind, wenn sich die Sonne unter dem Horizont befindet. Diese Wolken sind hoch genug in der Atmosphäre und die Sonne scheint noch auf sie. Dies erweckt den Anschein, dass die Wolken in der Dunkelheit gegen den noch dunkleren Himmel leuchten. Die internationale Bezeichnung für nachtleuchtend ist noctilucent und leitet sich vom lateinischen "nox" (Nacht) und "lucent" (leuchtend) ab. Leuchtende Nachtwolken bestehen aus winzigen Wassereis-Kristallen, höher als alle anderen Wolken in der Atmosphäre der Erde.

In den 1980er-Jahren beobachten russische Wissenschaftler, dass das Space Shuttle, als es in die Atmosphäre eintrat, besondere silbernen Wolken in der Heckwelle der Raumfähre hinterlies. Sie verbanden die nachtleuchtenden Wolken, die hinter dem Space-Shuttle von Wasserdampf gebildet wurden mit den leuchtenden Nachtwolken vor den Tunguska Ereignissen und legten nahe, dass der Meteorit das Fragment eines Kometen war, und das Koma und/oder der Schweif, bestehend aus erheblichen Mengen an gefrorenen Wassertröpfchen, die seltsamen silbernen Wolken hoch oben im Himmel verursacht.

Im Jahr 2009 veröffentlichte die Fachzeitschrift *Geophysical Research Letters* der American Geophysical Union einen Forschungsartikel der Cornell University. Michael Kelley und Mitarbeiter beobachteten nachtleuchtende Wolken einige Tage nachdem das Space Shuttle Endeavour im Jahr 2007 gestartet war. Ähnliche Wolkenformationen wurden nach den Starts in den Jahren 1997 und 2003 beobachtet.

Das Team der Cornell University stellte ebenfalls eine Verbindung zwischen den beiden Ereignissen her und kam zu dem gleichen Schluss wie ihre russischen Kollegen, nämlich "der Beweis ist stark genug, dass die Erde im Jahr 1908 von einem Kometen getroffen wurde."

Die leuchtenden Nachtwolken und die Nordlichter werden oft zusammen gesehen, was eine unglaubliche Nachtshow hoch oben am Himmel ergibt. Das Nordlicht wird von geladenen Teilchen von der Sonne verursacht oder von geladenem Kometenstaub und Gasen, die in das Magnetfeld der Erde eintreten und die Moleküle in der Atmosphäre stimulieren.

Die silbrigen (nachtleuchtenden) Wolken, die Halos um die Sonne, das helle Dämmerungslicht und der grün und rot gefärbte Himmel (Nordlichter) lassen sich durch Kometenstaub, Gase und eisige Kristalle aus dem Koma erklären, wenn sie auf die Atmosphäre der Erde treffen.

Koma ist die nebulöse Hülle um den Kern eines Kometen. Es enthält Staub, Gase und mikroskopische Wassertröpfchen. Die neutralen Teilchen, die sich im Koma befinden, werden durch den Sonnenwind angeregt, wobei die Teilchen in Ionen umgewandelt werden. Ein kontinuierlicher Strom von neutralen Teilchen wird hervorgerufen, solange der Kern des Kometen verdampft, und diese neutralen Teilchen werden kontinuierlich in Ionen umgewandelt.

Einige Forscher behaupten, dass es nicht sein kann, dass die nachtleuchtenden Wolken und die Nordlichter von dem Tunguska Kometen verursacht worden sind, weil er mit einem Durchmesser von 60 m bis 190 m zu klein, und zu weit von der Erde entfernt war, als diese Phänomene am Himmel erschienen waren. Doch sind der Tunguska-Meteorit, sowie das Material der Tauriden-Meteorschauer Bruchstücke des Kometen Encke, und sie könnten weit auseinander liegen und der gleichen Umlaufbahn folgen. Komet, Kometenfragmente, Staub und Partikel wandern in etwa in der gleichen Umlaufbahn entlang, mit einer gewissen Streuung, wobei die meisten von ihnen hinter dem Kometen zurückbleiben. Wenn Fragmente, Staub und Partikel in der Umlaufbahn zu nahe an einen Planeten herantreten, der die Umlaufbahn des Kometen fast scheiden könnte, werden die Orbitalgeschwindigkeiten der Fragmente, des Staubs und der Partikel gestört.

Der Komet Encke ist immer noch groß genug, etwa 4,8 km im Durchmesser, um für die silbernen Wolken und andere Phänomene verantwortlich zu sein. Im Jahr 1908 war er sogar noch größer. Encke ist ein periodischer Komet und vollendet einmal alle 3,3 Jahre seinen Umlauf um die Sonne. Dies ist die kürzeste Periode aller bekannten Kometen und mit jedem Orbit verliert er Materie. Seit dem Jahr 1908 hat Encke 35 Mal die Sonne umreist und viel Materie verloren. Jedes Jahr können wir die Tauriden-Meteorschauer genießen, deren Materie so großzügig von dem Kometen Encke bereit gestellt wird.

Der Sonnenwind leitet den Kometenschweif und zu einem bestimmten Grad auch das Koma, so dass diese mehrere Tage vor dem Boliden selbst die Erde erreichen können, in Abhängigkeit von den jeweiligen Positionen der Erde, der Sonne, des Kometen, dessen Fragmente, des Komas und des Schweifs.

Ludwig Weber von der Universität Kiel in Deutschland berichtete, dass drei Tage vor der Tunguska-Explosion ungewöhnliche geomagnetische Effekte aufgetreten waren. Mehrmals beobachtete er unerklärlich kleine, regelmäßige Schwingungen des Erdmagnetfelds, was mehrere Stunden fortdauerte.

Die Abweichungen der Kompassnadel begannen direkt nach der Dämmerung und dauerten bis weit nach Mitternacht fort, wobei sie mit den Lichterscheinungen hoch oben am Nachthimmel übereinstimmten. Die Aufnahmen sahen aus wie geomagnetische Stürme, die in der Regel mit der elektrischen Aktivität der Sonne in Verbindung standen.

Die leuchtenden Nachtwolken, die Nordlichter und die geomagnetischen Störungen wurden mit dem ionisierten Koma und dem Schweif des Kometen Encke und seinem, jetzt als Tunguska-Meteorit bekannten Fragment in Verbindung gebracht.

Ein geomagnetischer Sturm ist eine vorübergehende, durch ionisierte Teilchen verursachte Störung der Magnetosphäre der Erde (ein Sonnenwind oder eine andere Quelle von elektrisch geladenen Teilchen), die mit dem Magnetfeld der Erde in Wechselwirkung tritt. In diesem Fall wurde die Störung durch die elektrisch geladenen Teile des Kometen, wie Koma und Schweif, verursacht.

Im März 1986 begegnete die Raumsonde Giotto dem Kometen Halley, indem sie sich dem Kern bis auf etwa 600 km näherte. Ergebnisse aus dieser Begegnung haben gezeigt, dass das Koma negativ geladen ist.

In dem Artikel *"Negative ions in the coma of comet Halley"* von P. Chaizy und seinem Team, der im Jahr 1991 in der Zeitschrift *Nature* veröffentlicht worden war, berichteten die Forscher, dass das Koma des Kometen Halley bei einer Entfernung von etwa 2.300 km vom Kern negativ geladen ist. Der Komet hat einen Durchmesser von ca. 11 km.

Am hellen, sonnigen Morgen des 30. Juni, 1908, flog ein feuriger Himmelskörper über Zentralsibirien. Er wurde von Augenzeugen als Kugel oder Zylinderförmiges Objekt beschrieben. Sie hatten seine Farbe als rot, gelb, bläulich oder weiß wahrgenommen. Der Himmelskörper bewegte sich 10 Minuten lang nach unten.

Aber einige Minuten bevor die Menschen das Flugobjekt beobachtet hatten, haben einige merkwürdige Ereignisse stattgefunden.

Im Jahr 1926 erfasste I.M. Suslow Zeugenaussagen von den ortsansässigen Ewenken, eines

der heimischen Völker im Norden Russlands. Ein
paar Personen, die in ihren Tschums schliefen
(Hütten in der Regel aus Tierfellen oder Birken-
rinde) etwa 30 km vom Epizentrum entfernt, berichteten, dass, bevor sie das helle Objekt am
Himmel sahen, sie von einem starken Wind ge-
weckt wurden, von pfeifenden und raschelnden
Geräuschen. Geräusche, als würden zahlreiche
Vögel umher fliegen, Geräusche von umstürzen-
den Bäumen und mehreren Donnern. Etwas Un-
sichtbares schlug und drückte die Hütten und die
Menschen, wie wenn sie von ihren Füßen wegges-
tossen würden, der Boden zitterte, und irgendetwas hämmerte auf dem Boden. Es gab mehrere
Berichte darüber, dass die Tschums "wie ein Vogel geflogen seien", und die Menschen in ihren
Schlafsäcken mehrmals nach oben geworfen wurden.

Die Menschen beobachteten das seltsame
"Feuer" auf den Gipfeln der Bäume. Einige Bäume
verbrannten von der Spitze bis zu den Wurzeln,
einschließlich der Wurzeln der entwurzelten
Bäume.

Die Ewenken sagten, dass Bäume umgefallen wären. Die Tannennadeln, die trockenen Äste
auf dem Boden, und ihre Rentiere brannten. Es
wurde sehr heiß.

Elektrostatische Effekte können ein Drücken, Fallen und Fliegen verursachen (elektrostatische Levitation), St. Elmos Feuer, usw.

Bewegungen von Objekten wurden von Zeugen anderer herabfallender Meteoriten beschrieben.

Wenn zwei Objekte in der Umgebung des jeweils anderen, unterschiedliche elektrische Ladungen haben, existiert ein elektrostatisches Feld zwischen ihnen. Ein elektrostatisches Feld bildet sich auch um jedes einzelne Objekt, das in Bezug auf seine Umgebung elektrisch geladen ist.

Wenn man einen Glasstab mit Fell oder Stoff reibt oder einen Kamm durch die Haare zieht, kann eine statische Ladung aufgebaut werden. Statische Elektrizität einer Rutschbahn aus Kunststoff lässt die Haare des Kindes zu Berge stehen. Statische Elektrizität wird auch durch die Reibung der Kleidung gegen Stoff in Fahrzeugen oder Möbeln, sowie der Schuhe gegen Bodenbeläge erzeugt. Die meisten dieser Produkte, bestehen aus synthetischen Materialien, die alle dafür bekannt sind, statische Ladungen zu erzeugen. Viele von Ihnen sind mit dem Funken oder dem Mini-Schock vertraut, der bei der Entladung statischer Elektrizität beim Ausziehen synthetischer Kleidung erzeugt wird.

Der, mit der statischen Aufladung assoziierte Funken wird durch eine elektrostatische Entladung verursacht, oder einfach nur durch statische Entladung, da eine Überladung durch die Strömung von Ladungen von oder zu dem Umfeld neutralisiert wird. Ein Blitz ist ein dramatisches Beispiel für natürliche statische Entladung.

Die Tunguska Zeugen berichteten von Objekten, die sich in der Luft befanden wie Bäume, Brocken von den oberen Schichten des Bodens, Tschums (Hütten), Kleidung, etc. In den Flüssen erschienen große Wellen entgegen dem Strom. Das Wasser verschwand plötzlich von den Flussbetten. Sie sahen Elmsfeuer, das ist ein Wetterphänomen, bei dem leuchtendes Plasma durch eine koronale Entladung von einem scharfen oder spitzen Gegenstand in einem starken elektrischen Feld in der Atmosphäre erzeugt wird.

Die Erdoberfläche unter den Stürmen wird geladen, wenn die elektrischen Felder des Sturms stark genug werden. Gras, Bäume, Tiere, Menschen und überhaupt alles beginnt eine Ladung an die Atmosphäre abzugeben. Manchmal kann dies als Elmsfeuer wahrgenommen werden. Die Intrusion eines Kometen und sein Koma können Effekte von Ladung und Entladung des lokalen Umfelds verursachen.

Es erfolgt ständig eine Vielzahl von Entladungen. Zu jedem Zeitpunkt gibt es etwa 2000 Gewitter rund um den Globus, wobei rund 50 Blitze pro Sekunde erzeugt werden.

Es gibt viele Faktoren, die das Laden und Entladen der Ionosphäre und der Oberfläche der Erde beeinflussen.

Ein Sicherheitstip für Seeleute sagt: "Das Leuchten auf einem Mastkorb, das durch eine extreme Anhäufung elektrischer Ladung erzeugt wird, wird als Elmsfeuer bezeichnet. Ungeschützte Seeleute sollten sofort in Deckung gehen, wenn dieses Phänomen auftritt. Der Mast kann innerhalb von fünf Minuten von dem Blitz getroffen werden, nachdem dieses Leuchten aufgetreten ist."

Ein Elmsfeuer ist ein Zeichen dafür, dass es einen kraftvollen Aufbau einer statischen elektrischen Energie gibt. Und diese elektrische Energie wird sich sehr bald entladen.

Die elektrostatische Entladung hört sich an, wie das Flattern der Segel eines Schiffes, das Rauschen von fliegenden Vögeln, dumpfe Rufe, das Fegen von Sand, deutliches Rasen, reißendes Geräusch, wie wenn dünner Musselin gerissen oder zerrissen wird, wie ein Rauschen oder Rascheln, usw.

Diese Ereignisse sind eingetreten, bevor die Zeugen das helle Objekt am Himmel gesehen hatten.

Möglicherweise wurden die Ereignisse vor dem Erscheinen des brennenden Boliden am Himmel durch das dichte ionisierte Koma nahe dem Kern des Kometen-Fragments und dem Kometenstaub und den Gasen verursacht, die mit hoher Geschwindigkeit auf die Atmosphäre getroffen waren. Die Dichte des Komas in der Nähe des Kerns des Kometen ist davon abhängig, wie aktiv er ist und von dem Abstand zu dem Kern. Die Dichte des Komas erhöhte sich deutlich, als es die Atmosphäre getroffen hatte, weil es gegen die Atmosphäre gedrückt wurde. Innerhalb von wenigen Minuten wurden große Mengen von ionisiertem Kometenmaterial aus dem Koma mit hoher Geschwindigkeit in die Erdatmosphäre ausgestoßen. Die Kometen bewegen sich mit sehr hoher Geschwindigkeit fort, mit etwa 25 bis 60 km/sek. Die Effekte waren elektrischer, mechanischer und thermischer Natur. Die statische Elektrizität, das Ergebnis des Pumpens von ionisierten Teilchen aus dem Koma, verursachte ebenfalls atmosphärische Impulse, Wind und ein Zittern des Bodens.

In Weltraumkörpern und Weltraumfahrzeugen können sich, aufgrund der extrem niedrigen Luftfeuchtigkeit in außerirdischen Umgebungen, sehr große statische Ladungen ansammeln.

Die Erde ist elektrisch geladen und wirkt als Kugelkondensator. Die Erde hat eine negative Nettoladung, die positive Ladung befindet sich in der Atmosphäre. Die Potentialdifferenz zwischen der Erdoberfläche und der Ionosphäre beträgt in etwa 300.000 Volt.

Die Ionosphäre ist eine Hülle aus Elektronen und elektrisch geladenen Atomen und Molekülen, die die Erde umgibt, in einer Höhe von etwa 50 km (31 Meilen) bis zu mehr als 1.000 km (620 Meilen). Sie wird von der Sonne geladen.

Das Koma, der Kometenstaub und Meteoritenkörner pumpten große Mengen an negativ geladenen Teilchen aus dem Kometen-Koma in die positiv geladene Ionosphäre, wobei das elektrostatische Potential zwischen der Oberfläche der negativ geladenen Erde und der positiv geladenen Ionosphäre örtlich verändert wurde, und dabei ein leistungsfähiges pulsierendes elektrostatisches Feld geschaffen wurde. Die Ionosphäre begann zu oszillieren (sich auf und ab zu bewegen), und erzeugte dabei örtliche, aber mächtige atmosphärische Impulse, starken Wind, unheimliche Geräusche, usw.

Zeugen berichteten, dass sie zuerst einen starken Donner gehört hatten und danach hatten sie den Feuerball am Himmel gesehen.

Das Beben der Erde, die Berichte, die seltsamen Geräusche, die dem Umherfliegen von unzähligen Vögeln ähnelten, dieses Etwas, das die Menschen und ihre Hütten schubste, konnte nur durch elektrische Effekte erklärt werden, die von dem geladenen Koma und dem Plasma um den erhitzten Kern des Kometen-Fragmetns verursacht worden waren.

Zuerst gab es ein Donnerkrachen und nach einigen Minuten erschien der Bolide, also, muss das Kometenfragment tausende von Kilometern von der Atmosphäre der Erde entfernt gewesen sein. Das bedeutet, dass die Geräusche und die elektrostatischen Effekte nicht von dem Meteoriten verursacht wurden, sondern von dem Koma, weil der Meteorit immer noch nicht heiss genug war, dass der Beobachter ihn sehen konnte und es war immer noch kein elektrisch geladenes Plasma um ihn herum. Das waren auch keine elektrophonischen Geräusche, aus dem gleichen Grund hatte das Fragment keine ionisierte Spur im Wake. Die Geräusche wurden von der Aurora Borealis (aber die Zeugen konnten sie an diesem sonnigen Morgen nicht sehen) und durch die elektrostatischen Effekte erzeugt.

Die energiereichen Teilchen, die die blendenden Lichter hoch oben in der Erdatmosphäre (Aurora borealis) schaffen, erzeugen manchmal auch seltsame Geräusche wie ein Klatschen, Knistern, ein dumpfes Knallen, Zischen und statische Klänge.

Wenn sich ein Objekt in der Atmosphäre der Erde schneller fortbewegt als die Schallgeschwindigkeit, kann eine Stoßwelle erzeugt werden, die als Überschallknall gehört werden kann. Dies ist einer der immensen Donner gewesen, der von den Einheimischen gehört worden war.

Nach den Elektrostatik-Ereignissen, sahen die Ewenken ein helles Licht am Himmel, das „so hell wie eine Sonne" war. Sie berichteten über verschiedene Farben des Objekts. Der Bolide bewegte sich etwa 10 Minuten am Himmel und explodierte dann. Die Schockwelle warf die Menschen nieder und zerbrach die Fenster in Entferungen von Hunderten von Kilometern. Es gab einen starken, heißen Wind. Es gab Blitze und mächtige Donner. Es war so heiß, dass die Menschen ihre Kleidung nicht ertragen konnten.

Die Zeitung *Sibir* berichtete, "Wir beobachten ein ungewöhnliche natürliche Begebenheit. Im Dorf Nishne-Karelinsk sahen Bauern im Nordwesten, ziemlich hoch über dem Horizont, einen seltsam hellen (es war nicht möglich hinzusehen), bläulich-weißen Himmelskörper, der sich 10 Minuten lang nach unten bewegte. Der Körper kam als "Rohr" zum Vorschein, also ein Zylinder. Der Himmel war wolkenlos, nur ein kleiner dunkler Fleck wurde in der allgemeinen Richtung des hellen Körpers beobachtet. Es war heiß und trocken. Als sich dieser Körper dem Boden (Wald) näherte, schien der helle Körper zu verwischen, und dann verwandelte er sich in eine schwarze Rauchschwade und ein lautes Klopfen (kein Donner) war zu hören, wie wenn große Steine herabfallen würden, oder Artillerie gefeuert würde. Alle Gebäude wackelten. Zur gleichen Zeit begann die Wolke Flammen mit ungewissen Formen auszustossen. Alle Dorfbewohner gerieten in Panik und gingen auf die Straße, die Frauen schrieen, denn sie dachten, es wäre das Ende der Welt."

Die Mehrheit der Zeugen, die Hunderte von Kilometern von einem Epizentrum entfernt waren, berichteten von drei mächtigen, donnernartigen Klängen, nachdem sie so etwas wie Artillerie und Gewehrschüsse gehört hatten. Die Menschen in der Nähe des Epizentrums meldeten ein ausführlicheres Bild der Ereignisse. Sie hörten viele Donner, Rufe und andere Geräusche.

Der Flug von Meteoriten durch die Atmosphäre der Erde wird von verschiedenen elektromagnetischen Phänomenen begleitet. Es wird eine

charakteristische Radio-Emission von den ionisierten Meteorschweifen beobachtet, Abweichungen
der Kompassnadel, leichte Elektroschocks usw.

In den 1940er-Jahren, hatten die sowjeti-
schen Wissenschaftler I. Ostapovitch und A. Ka-
laschnikow erfolgreiche Experimente durchgeführt, wobei sie, durch das Überfliegen von
Meteoriten verursachte elektromagnetische Effekte entdeckt hatten.

Vladimir Solyanik von der Altai State
Technical University war ganz fasziniert von der
Tatsache, dass, als der Sikhote-Alin Meteorit über
einen Techniker hinwegfolg, der an einem Mast
eine Telefonleitung reparierte, dieser einen elektrischen Schlag abbekommen hatte. Wie konnten
Meteoriten Strom erzeugen?

Im Jahr 1951 präsentierte Solyanik auf einer
Sitzung der Kommission für Kometen und Meteo-
re des astronomischen Rates der Akademie der
Wissenschaften der UdSSR eine Arbeit, die andeutet, dass Meteoriten in der Lage seien, in ihrem
Wake eine ionisierte Spur zu erzeugen und, dass
das elektromagnetische Feld stark genug sei, um
auch den Meteor durch Explosion zu zerstören,
wenn eine elektrische Entladung zwischen der
ionisierten Warmluft um den Boliden und Erdoberfläche besteht. Er legte nahe, dass der Tun-

guska-Meteorit in großer Höhe durch elektrische Entladung explodiert war.

Alexander Newski, ein sowjetischer Raketeningenieur, hatte in den 1960er-Jahren eine ähnliche Hypothese über die Natur der Tunguska-Explosion entwickelt und im Jahr 1963 schrieb er einen Bericht für die sowjetische Akademie der Wissenschaften, der nahelegt, dass die explosive Zerstörung des Tunguska-Meteoriten durch eine starke elektrische Entladung verursacht worden war. Seine Arbeit wurde erst viel spätter, im Jahr 1978 in dem akademischen *Astronomical Journal* und in zwei populärwissenschaftlichen Magazinen veröffentlicht.

Zu Beginn der 1950er-Jahre, gehörte Nevsky einer Gruppe von Ingenieuren an, die, wenn ein Raumschiff in die Atmosphäre eintritt, das Problem der gestörten Funkverbindung zu lösen hatte. Das Forschungsteam kam zu dem Schluss, dass das heiße Plasma um das in die Atmosphäre eintretende Raumschiff herum die Radiowellen mit sehr hoher Geschwindigkeit zerstört.

Das Plasma wird von der überhitzten Luft rund um das Schiff hervorgerufen. Die Energie ist ausreichend, um atmosphärische Moleküle zu dissoziieren und ihre Komponentenatome werden ionisiert. Das Raumschiff sinkt in einem überhitzten Schleier von glühendem Plasma.

Nevsky und das Team hatten auch das Problem mit der starken Plasma-Leuchtkugel rund um die Raumfahrzeuge zu lösen.

Der Plasmastrom wird elektrostatisch aufgeladen und an spitzen Oberflächenkonturen konzentriert. Die daraus resultierende Wirkung ist eine besonders intensive lokale Erwärmung an den führenden Kanten des Flugwerks. Experten legten nahe, dass dies mit hoher Wahrscheinlichkeit die Ursache für die katastrophalen Schäden war, die der Raumfähre Columbia widerfahren sind.

Die Erforschung des Plasmas und die mächtigen elektrischen Entladungen gaben Alexander Newski eine Vorstellung über das Tunguska-Rätsel.

Mit seinem Wissen über Raumfahrttechnik entwickelte er eine Theorie über die Explosion von Meteoriten durch elektrische Entladung. Die Oberfläche eines Meteoriten -oder eines Raumschiffs, das sich in die Atmosphäre der Erde bewegt, wird auf sehr hohe Temperaturen erhitzt, wodurch eine gewaltige Emission von der Oberfläche der Körper verursacht wird. Die Elektronen werden durch den Heißluftstrom weggeführt, und sie sammeln sich im Sog an, der negativ geladen wird, während der fliegende Meteorit und das Plasma um ihn herum eine positive Ladung bekommen. Der Meteorit erzeugt einen riesigen Plasma-Dipol.

Meteoriten, die die Atmosphäre durchqueren, lassen eine ausgedehnte Säule einer erhöhten Ionisation hinter sich, was als Meteor-Plasmaschweif bezeichnet wird.

Die Erdoberfläche ist negativ geladen.

Die massive elektrostatische Entladung zwischen dem elektrisch geladenen Meteoriten und der Erdoberfläche bewirkt, dass der Meteorit explodiert. Die Temperatur des Kerns kann Millionen Grad Celsius erreichen. Da die Explosion des Tunguska-Meteoriten im unteren Teil des Boliden begonnen hatte, wurden die Trümmer in die entgegengesetzte Richtung der Erde beschleunigt, und ein Teil von ihnen wurde nach oben in die Stratosphäre ausgestoßen. In solch großer Höhe ist die Luft sehr dünn und die Trümmer wurden über Tausende von Kilometern verteilt. An diesem Morgen gab es Berichte, über zig Meteoriten, die in verschiedenen Orten in Sibirien herabgefallen waren, einige von ihnen sogar in Entfernungen bis zu 1200 km.

Die Trümmer der Meteoriten, die auf einer Höhe von 40 bis 50 km explodieren, können teilweise zurück in den Weltraum befördert werden.

Nach Angaben der Zeugen, verband plötzlich eine Lichtsäule die Oberfläche der Erde und den feurigen Meteoriten, und er explodierte hoch oben am Himmel. Die Einheimischen sagten, dass "die feurige Kugel mit einem Schwanz" sich in "eine feurige Säule", in "einen vertikalen Brunnen", in "einen Speer" verwandelt hat. Einige hatten innerhalb der Lichtsäule zahlreiche elektrischen Entladungen, in verschiedenen Farben, beobachtet: rot, blau, gelb. Die gewaltige elektrische Entladung (die Lichtsäule) befand sich zwischen dem negativ geladenen Planeten und dem positiv geladenen Meteoriten. Die Lichtsäule erschien augenblicklich und verschwand wenig später. Die elektrischen Entladungen in der Lichtsäule würden rund 1 Million Ampere erreichen und die Sprengkraft einer Bombe von mehreren hundert Kilogramm TNT-Äquivalent.

Zeugen berichteten, dass sie innerhalb der Lichtsäule Stäbe aus Feuer, bunte Bänder und Objekte mit anderen Formen in blauen, gelben und roten Farben beobachtet hatten. Die Farbgebung entspricht den verschiedenen Temperaturen des Plasmas in den Entladungskanälen.

Es gab zahlreiche Gruben in dem vermeintlichen Bereich des Impakts und die Forscher dachten, das wären kleine Krater, aber es gab keine Meteoritentrümmer. Sie wurden durch die elektrischen Entladungen hervorgerufen. Nevsky legte nahe, dass es auch einen Krater gäbe, aber dieser noch nicht entdeckt worden sei.

Einigen Zeugen zufolge, hatte es im Epizentrum vor der Explosion einen Hügel mit Pinienwäldern gegeben, danach fanden sie einen See und einen Sumpf.

Die elektrische Entladung hatte den Permafrost unter der Oberfläche aufgetaut, und das Wasser überflutete die Region, wobei viele Sümpfe erzeugt wurden.

Die Einheimischen beobachten zwei Tage lang riesige Geysire, heiße Seen und Teiche mit kochendem Wasser. Dieses "Mysterium" kann durch die elektrischen Entladungen erklärt werden, wobei das unterirdische Wasser erhitzt wird und ein immenser Druck entsteht.

Nach Angaben der Zeugen, dauerten die Donner zwischen 15 und 30 Minuten. Die Leute beschrieben sie oftmals als Kanonenschüsse. Sie wurden von mehreren elektrischen Entladungen verursacht. Die Donner und Knalle erfolgten vor und nach der Explosion des Meteoriten.

Es gab Berichte, dass es in der Spur des Wakes keinen Rauch gab, jedoch bunte Bänder, Stangen, etc. Dies waren elektrische Entladungen zwischen dem super-heiß brennenden Meteoriten (positiv geladen) und dem gegenüberliegenden Ende des Schweifs im Wake (negativ geladen). Es war wie ein riesiger Dipol. Ein elektrischer Dipol ist eine Trennung von positiven und negativen Ladungen.

Nach der Explosion blieb der ionisierte Schweif ungefähr 10 bis 20 Minuten, und er war eine Quelle für mehrere elektrische Entladungen.

Nevsky sagte, dass es viele Krater auf der ganzen Welt gäbe, aber es wurden keine Trümmer von Meteoriten gefunden; diese wurden durch elektrische Entladungen erzeugt. Satelliten, Observatorien und militärischen Radarstationen beobachten und registrierten Luftdetonationen von Meteoriten, die durch elektrische Entladungen erzeugt wurden.

Nevsky legte nahe, dass die elektrische Entladung, alle Geheimnisse der Explossion des TunguskaMeteoriten Explosion erklärt.

Er sagte, dass das elektrostatische Feld das Auftreten einer Lichtkorona auf den Ästen der Bäume vollständig erklärt, dies war das St. Elmos Feuer. Es verursachte auch die Verätzungen der Haut, manchmal erzeugte es Lichtenberg-Figuren, Verzweigungen, baumartige oder farnähnliche Muster, die durch den Durchgang von Hochspannungsentladungen entlang der Oberfläche verursacht werden.

Zeugen und Forscher berichteten, dass es viele frische Verletzungen durch Blitze an den

Bäumen, Rinde der Bäume, Risse an den Baum-
stämmen, usw. gab.

Ich denke, dass das Meteoritenplasma
nicht alle Ereignisse vor und nach dem Eintritt des
Kometen in die Atmosphäre und dem daraus resultierenden Aufbau der elektrischen Ladung erklären kann. Diese Ereignisse können durch das,
mit sehr hoher Geschwindigkeit in die Atmosphäre der Erde eintretenden ionisierte Koma verursacht werden, das eine sehr hohe statische Elektrizität erzeugt.

Boliden können bei Überschallgeschwin-
digkeiten zu einem Überschallknall führen. Dies
würde vor der Explosion geschehen. Dieser war
einer der Donner, den die Zeugen gehört hatten.
Die anderen Geräusche kamen von der Explosion
des Meteoriten und den elektrischen Entladungen
in dem ionisierten Schweif des Meteoriten, vor
und nach der Explosion.

Die Druckwelle der Explosion hätte auf der
Richter-Skala 5,0 gemessen.

Die meisten Forscher glauben, dass die
Luftdetonation in einer Höhe von 5 bis 10 Kilometern (3 bis 6 Meilen) erfolgt ist. Verschiedene Studien haben unterschiedliche Schätzungen über die
Größe des einschlagenden Objektes zwischen 60
und 190 m (200 bis 620 Fuß) ergeben.

Mark Boslough legte nahe, dass der Meteorit in seiner Masse etwa drei bis vier mal kleiner gewesen wäre und vielleicht einen Durchmesser von 20 Metern (65 Fuß) hatte. Er und seine Kollegen hatten berechnet, dass die Luftdetonation einen Überschall-Jet mit einem erweiterten Feuerball aus überhitztem Gas erzeugt haben könnte, der an der Oberfläche sehr viel stärker war, als bisher angenommen wurde.

Boslough sagte, dass es sich bei der Explosion nicht um 10 bis 20 Megatonnen gehandelt hatte, wie bisher angenommen, sondern eher nur um 3 bis 5 Megatonnen. Wenn wir die Hypothese der elektrischen Entladung akzeptieren, sollten wir auch die Energie berechnen, die durch die starke elektrische Entladung freigesetzt wird, sowie die Energie des elektrisch geladenen Komas. Viele Forscher berechneten die gesamte Energieleistung auf der Grundlage der Folgen auf die Umwelt, während Boslough Computer-Simulationen erstellt, die nur auf der Explosion des Meteoriten basieren.

Die meisten Schätzungen der Energie der Explosion rangieren von nur einigen wenigen bis zu 40 Megatonnen TNT. Wahrscheinlich waren es in etwa 40 Megatonnen TNT, aufgrund der kombinierten Wirkungen der kinetischen Energie, der Energie der Explosion, die Energie der elektrischen Entladung, der Energie des ionisierten Komas des Kometen und der spezifischen Wechselwirkung zwischen der Ionosphäre und den geladenen Partikeln des Koma.

Die Temperatur in den elektrischen Entladungskanälen könnte mehrere Millionen Grad Celsius erreicht haben, und der Druck hunderttausende Atmosphären. 30 bis 50 Prozent der Energie liegt in Form von Strahlung vor, einschließlich Röntgenstrahlen und Neutronen. Manchmal wird sogar Neutronenstrahlung in den Blitzen entdeckt.

Nach der Tunguska Explosion gab es zahlreiche Berichte von kranken Menschen und Tieren. Ganze Familien und sehr viele Tiere sind innerhalb von ein oder zwei Jahren gestorben, wahrscheinlich an Strahlenkrankheit.

Den Einheimischen zufolge, gab es im Epizentrum Gruben, die tödlich waren für alles, das dort hinein fiel; nachts glühte etwas im Inneren dieser Gruben. In einer der Gruben sahen die Einheimischen Steine, die in der Nacht leuchteten. Radiolumineszenz ist das Phänomen, durch welches, durch Beschuss mit ionisierender Strahlung, in einem Material Licht erzeugt wird.

Über lange Zeit gab es keine Tiere in der Re-gion des Epizentrums, während die angrenzenden Gebiete voller Leben waren.

Die Jahresringe waren seit 1908 breiter, als in den Jahren vor der Explosion. Es wurde auch von einigen genetischen Mutationen in der Flora berichtet. Die Vegetation wuchs schneller als üblich. Die Mutationen sahen wie nach einer Nuklear-Explosion aus.

Genetische Mutationen können durch die Emissionen von Neutronen- und Röntgenstrahlen, durch koronare Entladungen hervorgerufen werden aber auch durch die starke elektrische Entladung selbst.

In der Nähe des Epizentrums, liegt das Magnetfeld der Erde in einer anderen Orientierung vor als in 30 bis 40 Kilometer entfernten Gegenden. Dies ist ein Ergebnis der starken elektrischen Entladung, welche das Erdmagnetfeld verändert hat.

Kulik, ein sowjetischer Forscher, berichtete, dass die Verbrennungen an den Bäumen ganz anders waren als die Verbrennungen nach Waldbränden. Alle Anzeichen wiesen auf eine momentane, hohe Temperatur, der kein Feuer folgte. Es wird geschätzt, dass die Luftdetonationen von Tunguska rund 80 Millionen Bäume auf einer Fläche von 2.150 Quadratkilometern (830 Quadratmeilen) abgerissen haben. Einige Bäume standen da und sahen aus wie Telegrafenmasten, weil sie keine Äste und Blätter hatten; die meisten waren nach einem eigenartigen, schmetterlingsartigen Muster umgefallen, wobei die Wurzeln in Richtung des Epizentrums zeigten.

Die umliegenden Bäume waren über viele Kilometer in alle Richtungen abgeflacht wie Streichhölzer.

Nach der Explosion gab es einen geomagnetischen Sturm, der mehrere Stunden dauerte, ähnlich den geomagtischen Störungen nach einer Nuklearexplosion in der Atmosphäre.

In seiner Kurzgeschichte "Die Explosion", veröffentlicht im Jahr 1946, beschrieb Alexander Kazantsev, Ingenieur, Science-Fiction-Schriftsteller, und Ufologist das Tunguska-Ereignis als massive nukleare Explosion eines außerirdischen Raumschiffs.

Die geomagnetischen Störungen wurden vom magnetographischen und meteorologischen Observatorium in Irkutsk und von anderen Observatorien in Russland und Europa beobachtet und aufgezeichnet. Es wurde von den elektrischen Vorgängen im Zusammenhang mit dem Einschlag und der Explosion des Kometen, dem ionisierten Koma, dem heißen Plasma und den elektrischen Entladungen verursacht.

Die Luftdetonationen verursachten Schwankungen im atmosphärischen Druck in weiten Entfernungen, wie z.B. in England.

Die seltsamen Lichteffekte am Himmel, die vor der Explosion begonnen hatten, erreichten ihren Höhepunkt und dauerten ein paar Tage an. Über mehrere Nächte nach dem Impakt gab es einen rot leuchtenden Dunst und silberne Wolken in der Atmosphäre.

Die Eispartikel und ionisierten Gase aus dem Koma verursachten das unheimliche Glühen hoch oben, am Nachthimmel.

Die Nächte waren so hell, dass die Menschen Zeitungen lessen konnten. Viele Menschen konnten wegen des Lichts nicht schlafen. Um Mitternacht wurde in Greenwich mit einer einfachen Kamera aus Holz ein Foto von der Hafenstadt gemacht, wobei, wegen der geringen Empfindlichkeit der Platten, eine lange Belichtungszeit erforderlich war.

In Heidelberg wurden die atmosphärischen Erscheinungen über Deutschland von Max Wolf, damals Direktor der Sternwarte Heidelberg und ein Pionier auf dem Gebiet der Astrofotografie, beobachtet und beschrieben. Er berichtete, dass der Himmel nach Sonnenuntergang mit ungewöhnlichen kleinen Höhenwolken bedeckt war. Sie ähnelten den Cirrus-Wolken (Höhen-Wolken aus Eiskristallen und gekennzeichnet durch dünne weiße Fäden oder schmale Bänder), aber sie waren viel höher als normale Cirruswolken. Sie sahen eher aus wie Schichten von Rauch am Sonnenuntergangshimmel. Die Intensität der nächtlichen Helligkeit war beträchtlich. Um Mitternacht, konnte man leicht die Zeiger und Ziffern einer Taschenuhr erkennen. Um 1:15 Uhr gab es genau so viel Licht wie tagsüber.

Max Wolf war ein erfahrener Astronom. Er hatte in seinem Leben mehr als 248 Asteroiden entdeckt. Wolf legte nahe, dass die atmosphärischen Phänomene als der Schweif eines Kometen gedeutet werden könnten, der die Atmosphäre der Erde durchdringt.

Das *Smithsonian Astrophysical Observatory* und das Mount-Wilson-Observatorium verzeichneten in den darauffolgenden Monaten einen Rückgang der atmosphärischen Transparenz.

Die Ozonschicht war über große Flächen zerstört, so dass ein umfangreiches Gebiet in Sibirien vor der schädlichen UV-Strahlung ungeschützt blieb.

R. P. Turco et al. schrieben, dass das stratosphärische Ozon im ersten Jahr um etwa 45 Prozent abgenommen hatte, mit erheblichen Verringerungen, die über mindestens drei weitere Jahre fortdauerten. Es wurde festgestellt, dass der Ozonabbau in mehr als 10 km Höhe über mehrere Monate etwa 85 Prozent betrug und bei 20, 30 und 40 km sogar noch höher war.

Die Explosion wurde von den seismischen Stationen in Europa und Asien registriert. Meteorologen registrierten Schwankungen im Atmosphärendruck. Der kraftvolle atmosphärische Impuls umkreiste die Erde zweimal.

Als der Meteorit in die Atmosphäre der Erde eintrat, war das Wetter heiß und trocken, ein perfekter Tag für den Aufbau von statischer Elektrizität und starken elektrischen Entladungen.

Einige Forscher, darunter Konstantin K. Khazanovitch-Wulff legte nahe, dass die elektrischen Entladungen so mächtig gewesen waren, weil sie zufällig auf einen Trias-Vulkan getroffen waren. Die elektrische Leitfähigkeit der Öffnungen des Vulkans ist besser als auf dem umgebenden Boden. Einige Stellen und erloschene Vulkane sind wie Blitzableiter.

Es konnte noch immer kein Krater gefunden werden. Der größte Teil des Meteoriten ist verdampft und pulverisiert. Winzige, brillante Sphären kosmischen Ursprungs wurden im Bereich des Tunguska-Meteoriten gefunden. Sie wurden als Pellets gefunden, die im Boden und in den Bäumen eingebettet waren.

Durch Forschungsreisen wurden winzige Silikat- und Magnetitkügelchen im Boden entdeckt. In einigen dieser Sphären wurde ein hoher

Anteil an Nickel gefunden, was den Einschlag eines Boliden nahe legt.

Die Erforschung der Moorflächen deckte den Nachweis eines außerirdischen Impakts auf. Die Sedimentschichten in den Mooren enthalten unterschiedliche Mengen verschiedenartiger Kohlenstoff-, Wasserstoff und Stickstoff-Isotope im Vergleich zu den Schichten von vor und nach der Explosion. Die im Jahr 1908 gebildete Schicht enthält größere Mengen an Iridium.

In dem Artikel *"Discovery of iridium and other element anomalies near the 1908 Tunguska explosion site,"* veröffentlicht in der Zeitschrift *Planetary and Space Science*, schrieben Q. Hou, P. Ma, und E. Kolesnikov: "Dem Ir-Fluss in dem Bereich der Explossion zufolge, lässt sich abgeschätzen, dass der Himmelskörper mehr als $3{,}5 \times 10^4$ Tonnen gewogen hatte, was einem Durchmesser von > 60 m entspricht, und er hätte vielleicht ein Energie-Äquivalent von mehr als 10^6 t TNT freisetzen können. Hätte es sich bei dem Projektiv um einen Kometen gehandelt, hätte die Gesamtmasse mehr als 7×10^6 Tonnen betragen, und der Durchmesser des Kerns mehr als 160 m."

K. Rasmussen, H. Olsen, R. Gwozdz und E. Kolesnikov schrieben in ihrem Artikel *"Evidence for a very high carbon/iridium ratio in the Tunguska impactor"* in der Zeitschrift *Meteoritics & Planetary*

Science, dass, "das in dieser Studie gefundene Impaktor-Material auf eine Art Kometen-Impaktor deute, mehr als auf einen Impaktor eines chondritischen oder achondritischen Asteroidentyps."

"In der Schicht der Moore, die dem Jahr 1908 entsprechen, fanden wir viel mehr Iridium", sagte Michail Nazarov, Leiter des Labors von Meteoritics.

Michail Nazarov sagte, wenn dieser Körper nur 5 Stunden später in die Atmosphäre eingetreten wäre, dann hätte er St. Petersburg getroffen und zerstört.

Würde sich die Tunguska-Explosion über einem großen Stadtgebiet ereignen, dann würde sie diese verwüsten und Millionen von Menschen töten. Es wäre so etwas wie nukleare Luftdetonationen von 600 bis 1000 Hiroshima-Bomben, aber noch viel schlimmer.

Die Atombombe Little Boy explodierte über Hiroshima mit einem Energieäquivalent von 16 Kilotonnen TNT. Die Explosion von Tunguska wurde auf etwa 10 bis 15 Megatonnen TNT geschätzt.

Es würde drei große verheerende Explosionen geben: Eine Luftdetonation des Meteoriten über dem Ballungsgebiet mit der Kraft von Hunderten von Atombomben, eine übermächtige elektrische Entladung und eine Detonation des Vaters und der Mutter der thermobarischen Bombe.

Die Folgen würden viel schwerwiegender sein als in Sibirien, weil die große Zahl der geerdeten Metallstrukturen und Stromnetze ein perfektes Umfeld für die übermächtige Entladung schaffen würden.

Die elektrische Entladung, die elektromagnetischen Pulse (EMP) und der geomagnetische Sturm würden die elektronischen Geräten und Stromnetze im Epizentrum und in den angrenzenden Gebieten zerstören.

Die Detonation würde Interferenzen bei Funk und Fernsehen verursachen, einschließlich der Störung von Funksignalen über einen ganzen Kontinent. Einige Satelliten würden über mehrere Stunden die Kontrolle verlieren. Alle Bäume würden zerstört werden. In Tun-guska sind 80 Millionen Bäume zugrunde gegangen.

Wasserleitungen und Gasleitungen würden, aufgrund der Erhitzung durch die elektrische Entladung kaput gehen. Die gesamte Munition von Waffen, alle Tankstellen und Gastanks aller Fahrzeuge (Autos, Busse, Motorräder, Lastwagen, Flugzeuge, usw.), Chemikalientanks oder nahe gelegene Atomsprengköpfe (in Form von schmutzigen Bomben oder Kernexplosionen) würden gleichzeitig explodieren. Die heißen Brennstoffe in der heißen, verschmutzten Luft in der gesamten Metropolregion würden die jemals größte thermobarische Bombe (Fuel-Air-Waffe) hervorrufen. Die Druckwelle würde in der Umgebung unverstärkt Gebäude, Infrastruktur, Geräte zerstören und alle Menschen töten und verletzen. Die gegen Personen gerichteten Auswirkungen der Druckwelle ist in geschlossenen Räumen, wie beispielsweise Gebäude, U-Bahnen, Höhlen, Bunkern viel schwerwiegender. Die Menschen würden durch die Druckwelle, die schweren Verbrennungen, und die heiße, giftige Atmosphäre getötet werden, durch das Einatmen des brennenden Brennstoffs und die anschließende Verdünnung der Luft (daher Vakuum-Bombe), die die Lunge zerreißt. Die thermomobarischen Bomben sind in städtischen Gebieten extrem tödlich.

In der volkstümlichen Kultur und in Referenzschriften ist folgender Satz populär: "Die Detonation eines EMP und die gesamte Umgebung wird dunkel." Nun, nicht ganz. Wahrscheinlich gäbe es mehr als genug Licht, nur die Lichtquelle würde eine ganz andere sein: viel Feuer, glühende Trümmer, aufgrund der ionisierenden Strahlung und ein glühender Nachthimmel. Mehrere Tage nach der Tunguska Explosion waren die Leute in einem riesigen Gebiet von England bis China bei

Nacht in der Lage, ihre Uhren und Zeitungen zu lesen, und mit ihren ganz primitiven Fotokameras aus Holz, sogar Fotos zu machen.

Millionen von Menschen wären tot, in Folge der Druckwelle, Erdbeben, Brände, eines intensiven Lichtimpulses, eine Stromschlags, Röntgenstrahlen, Neutronen-Emission, elektrischen Entladungen, usw. Einige Jahre nach der Explosion würde ein großer Teil der verletzten Menschen aufgrund der Strahlenkrankheit als Ergebnis der ionisierenden Strahlung sterben.

Die Tunguska-Explosion ist, im Vergleich zu den armagedoischen Ereignisse des K-Kometen, nur wie eine Spielzeugbombe.

Der Komet Encke und die Explosion des Tunguska-Meteoriten könnten ein gutes Modell sein, um das KP-Massensterben zu erklären, das durch das Eindringen eines Kometen verursacht wurde, einschließlich des Verlusts der Atmosphäre. Natürlich war der Maßstab der Ereignisse des K-Kometen um vieles größer.

Der Kern eines großen Kometenfragments wird bei Eintritt in die Erdatmosphäre positiv geladen, der Schweif im Wake negativ. Das Koma, der Schweif und die Kometenstaub sind, bevor sie in die Atmosphäre eintreten negativ geladen; sie alle bilden zusammen mit dem Schweif des Kometen im Wake eine riesige, negativ geladene Kon-

struktion, die weit über die Atmosphäre der Erde
reicht. Für eine kurze Zeit springt ein riesiger,
aufgelader elektromagnetischen Dipol ins Dasein,
mit einem super heissen, ionisierten Kern, Luft,
Koma, Schweif und Staub, der eine aussergewöhn-
lich starke elektrische Entladung hervorruft, viele
Male stärker als die gesamten Atomwaffenlager
auf der Erde. Die Atmosphäre der Kreidezeit war
viel dichter als die moderne Atmosphäre. Die
Luftreibung würde viel höhere Temperaturen
verursachen, viel heißeres und dichter geladenes
Plasma, was zu stärkeren Entladungen führen
würde, als wenn der Komet heute einschlagen
würde. Der Sauerstoffgehalt der Atmosphäre der
Kreidezeit war höher und das Ergebnis würde
eine viel stärkere und verheerendere Explosion
und Verbrennung ergeben. Es gab eine große
Menge an starken Entladungen innerhalb des Di-
pols, die der Explosion des Kometenfragments
vorangingen, zwischen dem Kern des Fragments
und dem Schweif im Wake, was sich in einer Formation mit dem riesigen Koma befindet und sich
weit über die Atmosphäre der Erde erstreckt.

Die Stärke der Energie des elektrischen Po-
tentials ist abhängig von der Größe, Höhe und
Geschwindigkeit des Meteoriten. Nevsky hatte
berechnet, dass der Tunguska-Meteorit in einer
Höhe von 12 bis 20 km explodiert sei. Je größer

das Fragment, desto höher ist die Lage der Explosion. Das Fragment des K-Kometen war riesig, die Atmosphäre war dichter, also musste die elektrische Entladung und die Explosion bei sehr großer Höhe erfolgt sein. Die dichtere Atmosphäre der Kreidezeit würde die Kometenfragmente leichter auseinanderbrechen und viele Luftdetonationen verursachen.

Die elektrischen Entladungen erzeugten eine riesige Säule aus überhitzter, ionisierter Luft, die explosionsartig in den Weltraum stürmte. Die riesige ballistische Feder wurde ins All geschleudert und dann ist ein Teil davon über der Atmosphäre zusammengebrochen. Die kinetische Energie des K-Kometen, die Explosion in großer Höhe, die terrestrischen Auswurfmassen, die elektrostatische Ladung und Entladung, die Wechselwirkung zwischen dem negativ geladenen Koma und dem Schweif des Kometen mit der positiv geladenen Ionosphäre der Erde bewirkten, dass unser Planet, einen Teil seiner Atmosphäre verlor, indem sie in den Weltraum hinausgestoßen wurde.

Es gibt einige Varianten von diesem Szenario. Das Fragment des Kometen könnte in der Luft vernichtet worden sein, und der Krater wäre dann durch die elektrische Entladung gebildet worden. Es ist auch möglich, dass ein großer Teil des explodierten Boliden überlebt hat und dieser, sowie die Entladung, einen riesigen Krater oder mehrere Krater hervorgebracht haben.

Nach der Explosion kam es zu einer ionisierten Säule zwischen der Erde und der Ionosphäre, die sich wie ein gasförmiges Elektrokabel zwischen der Oberfläche der Erde und der Ionosphäre verhielt, wodurch starke elektrische Entladungen mehrere Minuten oder noch länger dauern könnten.

Die Ionosphäre befindet sich nicht so weit oben. Die Ionosphäre ist ein Bereich der oberen Atmosphäre, ungefähr von 85 km (53 Meilen) bis 600 km (370 Meilen) Höhe.

Auch wenn es keine Luftdetonationen des Fragments gegeben hat, die auf Erde trafen, und keine elektrische Entladung zwischen dem Kometenkern und der Oberfläche, hat der Komet eine gewaltige Plasmasäule zwischen der negativ geladenen Erde und der positiv geladenen Ionosphäre verursacht, was enorme elektrische Entladungen hervorrufen könnte und beim Planeten einen Verlust der Atmosphäre bewirken könnte.

Wenn das Fragment groß genug war, wäre es möglich, daß es mehr als eine elektrische Entladung

zwischen dem Fragment und der Erdoberfläche gegeben hat. Es wäre auch möglich, dass es nur eine Super-Entladung zwischen dem 10 km großen Kometenkern und Oberfläche gegeben hat. Es gab wahrscheinlich eine oder mehrere Luftdetonationen, hoch oben in der Atmosphäre und einen Impakt.

Mit zunehmender Größe des Fragments explodieren sie in höheren Lagen. Das Fragment des K-Kometen war viel größer als der Tunguska-Meteorit und er müsste sehr hoch in der Atmosphäre explodiert sein, demnach hätte die Luftdetonation deutlich zum Verlust der Atmosphäre beigetragen. Die Ionosphäre und die Ozonschicht waren ernsthaft gestört und haben ihre Schutzeigenschaften für eine lange Zeit verloren.

Der Kometeneinschlag ist viel verheerender als ein Asteroid, der auf die Erde trifft: Kometen sind schneller, sie haben vier mal mehr kinetische Energie, sie sind größer, es gibt vielfache leistungsstarke elektrische Entladungen, ein Teil der Atmosphäre könnte verloren gehen, sie könnten für längere Zeit den Himmel verdunkeln, viel länger, als ein Asteroid es könnte, usw.

Ich denke, dass der Hypothese von Vladimir Solyanik und Alexander Nevsky, sowie meiner Ergänzung, dass das Koma des Kometen bei den Ereignissen des Kometeneinschlags auch eine bedeutende Rolle spielt, eine ernsthafte Berücksichtigung gebührt. Um diese Anregung zu bestätigen, zu verfeinern oder teilweise oder vollständig zu verwerfen, sind anspruchsvolle Computer-Simulationen, Experimente, High-Tech-Labors, und weitere Forschung erforderlich.

Bei der Erforschung der K-Kometen-Theorie, sollten wir, wenn wir den Mechanismus der Ereignisse des K-Kometen erklären, die Möglichkeit der elektrischen Entladung und die Bedeutung des Komas des Kometen nicht vergessen.

Kometen-Einschläge und elektrische Entladungen können Leben vernichten, aber sie bringen auch Leben hervor.

Vor etwa 3,8 bis 4 Milliarden Jahren gab es eine Periode intensiver Kometen- und Asteroiden-Bombardements, von dem alle Planeten einschließlich der Erde betroffen waren. Viele der zahlreichen Krater, die auf dem Mond und auf anderen Himmelskörpern im Sonnensystem gefunden wurden, protokollieren dieses Ereignis.

Das Große Bombardement (englisch Late Heavy Bombardement) war eine Phase erhöhter Meteoriten-Aktivität, die wichtige Implikationen für das Leben auf der Erde hatte, da es in etwa identisch ist mit dem Zeitpunkt, von dem Wissenschaftler glauben, dass die ersten primitiven Lebensformen auf unserem Planeten erschienen sind.

Die frühe Erde wurde über etwa 100 Millionen Jahre von einem stetigen Strom von Meteoriten getroffen, von denen einige so groß wie 10 Kilometer im Durchmesser waren.

Während des Bombardements, lieferten Kometen große Menge an Wasser und organischem Material. Ein Teil dieses organischen Materials wurde immer komplexer, während es in die Atmosphäre der Erde eintrat, aufgrund der leistungsstarken elektrischen Entladungen der auftreffenden Kometen, wodurch Vorstufen des Lebens entstanden sind.

MEISTERSCHAFT DER ARTEN UNTER SCHWIERIGEN BEDINGUNGEN

Die Ereignisse des K-Kometen waren ein großes, verheerendes Ereignis, aber wir sollten nicht erwarten, dass die Kreidearten auf der ganzen Welt sofort ausgelöscht wurden.

Einige ausgestorbene Arten, darunter Gruppen von Dinosauriern, überlebten den Impakt aber die knappe Nahrung, die niedrigeren Sauerstoffkonzentrationen, die verschlechterten Umweltbedingungen und der harte Wettbewerb machte ihrer Existenz ein Ende.

Das spezifische Muster der Ausrottung der Kreidezeit wurde durch den Staub, der über Zehntausende von Jahren vor und nach dem Kometen-Einschlag in der oberen Atmosphäre fortdauerte, ein kühleres Klima, eine stark reduzierte die Pflanzenmasse, vielfältige Impakte (meist Luftdetonationen) des zerfallenden Kometen, reduzierte Mengen an Sauerstoff, verminderten Luftdruck, Abbau der Ozon-Schicht, zahlreiche Flächenbrände, gewaltige Tsunamis, eine veränderte Chemie der Ozeane, massive vulkanische Aktivität und Basaltfluten, heftigen sauren Regen, einen abrupten Verlust der Atmosphäre usw., hervorgerufen.

Peter Ward vergleicht das Ereignis der KP-Ausrottung mit einem Erdbeben; auch wenn Sie nicht durch das Beben vernichtet werden, können Sie später aufgrund von Mangel an Wasser, Energie, Nahrung, oder aufgrund von Krankheit oder Kriminalität ums Leben kommen.

Die stark beanspruchte Umwelt nach der Kreidezeit war ein sehr harter Spielplatz für die Arten, die darum kämpften, um zu überleben und zu dominieren.

Die meisten Arten wurden nicht von dem KT-Ereignis getötet, sondern danach, aufgrund der stark verschlechterten Umwelt und der starken Konkurrenz um Nahrung und Revier. Diese Zeit nach der Erschütterung ist ein wesentlicher Bestandteil des Aussterbens der Kreidezeit.

Säugetiere standen auf einer entwicklungsgeschichtlich höheren Stufe und sie wurden seit der KP-Ausrottung zu der dominanten Spezies auf dem Planeten.

Die Methode der Aufzucht gab den Säugetieren den ultimativen Vorteil gegenüber den eierlegenden Arten.

Aufgrund der umfangreichen Fossilien von ausgestorbenen Dinosaurier-Eiern, Eierschalen, und Embryonen, ist es ausreichend belegt, dass die Dinosaurier Eier gelegt haben.

Die wichtigsten Nachteile der Vermehrung der Dinosaurier gegenüber den Säugetieren, sind:

1. Die Nährstoffe im Ei sind sehr begrenzt, verglichen mit der kontinuierlichen Versorgung, die Säugetiere in der Gebärmutter erhalten;

2. Auch die Sauerstoffzufuhr ist viel niedriger;

3. Die Temperatur des Reptilienembryos ist von der Umgebung abhängig, während die Körperwärme des Säugetierfötus konstant ist;

4. Neugeborene Dinausaurier bekommen nicht das nährstoffreiche Nahrungsmittel, das Säugetiere bekommen, nämlich Milch;

5. Kürzere Trächtigkeitsdauer. Dies ist die Zeit, in der sich der Fötus entwickelt, beginnend mit der Befruchtung bis hin zur Geburt. Die Eier schlüpfen zwischen 60 und 105 Tagen, nachdem sie gelegt wurden. Das menschliche Baby entwi-

ckelt sich im Mutterleib in etwa 270 Tagen. Das menschliche Gehirn hat eine drei bis viereinhalb Mal längere Zeit sich zu entwickeln, sowie eine viel bessere innere Umgebung als das Gehirn der Dinosuarier.

Die Entwicklung eines anspruchsvollen Gehirns benötigt mehr Sauerstoff, mehr Nährstoffe, eine konstante Temperatur und mehr Zeit.

Der Säugetierfötus, der sich innerhalb des mütterlichen Körpers entwickelt, kann eine kontinuierliche und großzügige Versorgung mit Sauerstoff erhalten, sowie alle notwendigen Nährstoffe, um ein komplexes Gehirn aufzubauen. Die Milch von Säugetieren enthält wesentliche Nährstoffe, wichtige Antikörper und weiße Blutkörperchen. Dies ist eine perfekte Nahrung für Säuglinge und für deren energiehungrige, sich entwickelnde Gehirne.

Das Gehirn von lebendgebärenden Säugetieren ist entwicklungsgeschichtlich höher als das Gehirn von eierlegenden Tieren, und es ist auch weitaus komplexer.

Auch Warmblütigkeit verhilft nicht zu mehr Intelligenz, wenn man aus einem Ei schlüpft. Vogelartige Dinosaurier (Vögel) im Vergleich zu den Primaten sind ein typisches Beispiel dafür.

Säugetiere waren in entwicklungsgeschichtlicher Hinsicht bessere Spieler und gewannen die

Trophäe der Weltherrschaft mit einem einzigen Schlag, dank des K-Kometen. Die nicht vogelartigen Dinosaurier waren einfach zu groß und zu mesozoisch, um den großen Energie-Filter am Ende der Kreidezeit zu überleben.

Der Mechanismus des Aussterbens der Dinosaurier ist endlich gelüftet.

Die Menschheit kann einen Schlag des Asteroiden des Teufelsschwanzes überleben (Chicxulub ist ein Maya-Wort für Teufelsschwanz), aber sie ist nicht in der Lage, die katastrophalen Ereignisse, die vom K-Kometen, dem Teufel selbst, verursacht werden, zu überleben.

147 Theorien zur Ausrottung der Dinosaurier

2. Asteroiden-Einschlag.

Die Asteroiden-Geschichte ist einfach.

Ein gewaltiger, Schurken-Asteroid ist in die Erde eingeschlagen und hat das wunderbare Paradies des Mesozoikums, einschließlich der klugen, niedlichen Dinosaurier, die am Rande der Schaffung einer Dinosaurier-Zivilisation waren, zerstört.

Dies ist nun einmal die perfekte Geschichte, die die Menschen in der akademischen und populären Presse so gerne lesen möchten.

"Ich würde sagen, 95 Prozent oder mehr der Wissenschaftler auf der ganzen Welt, die die KT-Grenze erforschen, sind sich darüber einig, dass Chicxulub das Ereignis war, das das KT-Massensterben hervorgerufen hat", sagte der Geophysiker Sean Gulick.

In ihrem Artikel *"The Chicxulub Asteroid Impact and Mass Extinction at the Cretaceous-Paleogene Boundary"*, resümierten Peter Schulte von dem GeoZentrum Nordbayern und 40 Kollegen aus anderen Universitäten und Institutionen:

"Paläontologen haben schon lange das globale Ausmaß und die Abruptheit des größten biotischen Umsatzes an der Kreide-Paläogen-Grenze (KP, ehemals KT) vor ca. 65 Millionen Jahren (Ma) erkannt. Diese Grenze stellt eines der verheerendsten Ereignisse in der Geschichte des Lebens dar und beendete auf abrupte Art und Weise das Zeitalter der Dinosaurier. Vor dreißig Jahren hatte die Entdeckung einer anomal großen Häufigkeit von Iridium und anderen Platingruppenelementen (PGE) im KP-Grenzton zu der Hypothese geführt, dass ein Asteroid eines Durchmessers von ca. 10 km mit der Erde kollidiert war und viele Lebensräume unbewohnbar gemacht hat."

Die Theorie über das Aussterben aufgrund eines Asteroiden-Einschlags wurde von dem Alvarez-Team ins Leben gerufen. Sie veröffentlichten diese im Jahr 1980 in dem Artikel *"Extraterrestrial Cause for the Cretaceous-Tertiary Extinction."*

Die Geschichte des Asteroiden, der die Dinosaurier getötet hat, gehört inzwischen für die meisten Menschen zum Allgemeinwissen, so dass ich etwas, das Sie bereits wissen, nicht noch einmal erzählen möchte.

3. Einschläge durch Zwillings-Asteroiden.

Einige Wissenschaftler glauben, dass der Chicxulub-Asteroid zu klein war, mit zu wenig kinetischer Energie, um eine Massenausrottung zu verursachen. Ein binärer Asteroiden-Einschlag könnte dieses Problem teilweise lösen.

Ein binärer Asteroid ist ein System aus zwei Asteroiden, die ihren gemeinsamen Schwerpunkt umkreisen. Im Sonnensystem sind zahlreiche binäre Asteroiden entdeckt worden. Über 15 Prozent der zahlreichen Asteroiden, die um die Erde herum gesehen wurden, sind binär. Wenn sie auf die Oberfläche eines Weltraumkörpers treffen, rufen sie paarige Einschlagskrater hervor.

In ihrem Artikel *"Morphology and population of binary asteroid impact craters"*, behaupten Katarina Miljković et al., dass nur 2 bis 4 Prozent der Krater auf der Erde als binäre Einschläge identifiziert worden sind, unter der Annahme, dass die Krater von Zwillings-Asteroiden leicht überlappen können.

Von den Teams erstellte Computersimulationen, haben bewiesen, dass die meisten binären Asteroiden auf dieselbe Stelle treffen und damit einen einzigen Krater bilden.

Miljković legte nahe, dass der Chicxulub-Krater einige wichtige Asymmetrien aufweist und es eine Überlegung wert ist, dass er von einem binären Asteroiden gebildet wurde.

4. Verneshot hat sie getötet.

Diese Theorie behauptet, dass einige der angeblichen Meteoritenkrater eigentlich Krater sind, die von einer terrestrischen Aktivität herrühren.

Ein Verneshot (nach dem Französisch Sciencefiction-Schriftsteller Jules Verne benannt) ist ein spezifischer, von massivem, überhitzten Gas, tief unter dem Kraton verursachter Vulkanausbruch.

Kraton ist ein großer Teil der Kontinentalplatte, die seit dem Präkambrium relativ unberührt gewesen ist. Der Begriff Kraton wird verwendet, um den stabilen Teil der kontinentalen Kruste von Regionen zu unterscheiden, die mehr geologische Aktivität aufweisen und instabil sind.

Morgan, Reston und Ranero, Wissenschaftler an der Universität Kiel in Deutschland, veröffentlichten im Jahr 2004 in der Zeitschrift *Earth and Planetary Science Letters* den Artikel "*Contemporaneous mass extinctions, continental flood basalts, and 'impact signals': are mantle plume-induced lithospheric gas explosions the causal link?*" Das Team brachte die Idee vor, dass ein bestimmter Vulkanausbruch der Auslöser für die KP-Ausrottung gewesen sei.

Die Verneshot-Theorie wurde als Kausalmechanismus vorgeschlagen, der das statistisch unwahrscheinliche gleichzeitige Auftreten von

Massen-Ausrottungen, kontinentalen Flutbasalten, und "Impakt-Signalen" (geschocktes Quarz, Iridium und andere seltenen Metalleanomalien) erklären sollte.

Ein Verneshot wird verursacht, wenn ein Mantelplume mit einem Kraton in Kontakt kommt. Da das Kraton strukturell stärker ist, ist das Plume nicht in der Lage, seinen Weg hindurchzuschmelzen. Dies bewirkt, dass sich, tief im Untergrund, Lava und Gase ansammeln. Wenn es in einer kontinentalen Spreizungszone Risse gibt, dann wird ein Teil der Lava entlang der Risse wandern und auf die Oberfläche hervorbrechen, wodurch kontinentale Flutbasalte wie die Deccan Traps hervorgebracht werden. Wenn der Druck eine unerträgliche Grenze im Untergrund erreicht, dann verursacht er eine gewaltige Explosion, und der Krater sieht aus, als wäre er von dem Impakt eines Boliden geschaffen worden. Gase, Trümmer, und vielleicht sogar ein Projektil würden in die Atmosphäre hoch geschleudert werden, und sogar in die Erdumlaufbahn.

Solch eine spezifische vulkanische Gasexplosion würde enorme Mengen von Gestein in die Stratosphäre schleudern und einige große Brocken könnten einen großen Impakt-Krater verursachen, wenn sie zurückfallen, und das würde die Übereinstimmung von Einschlägen und vulkanischer Aktivität erklären.

Die Freisetzung von Gasen und Trümmern hätte die notwendigen klimatischen Auswirkungen auf die Umwelt, um eine Massenausrottung zu verursachen.

Die Verneshot-Theorie hat den Vorzug, dass, sie erklärt, weshalb der Chicxulub-Einschlag und die kontinentalen Flutbasalte in Indien (Deccan Traps) zusammentreffen, wo doch die Chancen, dass beide gleichzeitig auftreten sehr klein sind.

Wissenschaftler bemerkten eine Korrelation zwischen massivem, katastrophalen kontinentalen Flutbasalt-Vulkanismus und riesigen Kratern, von denen bisher angenommen wurde, dass sie von Asteroideneinschlägen verursacht werden.

Die Explosionkrater wurden vielleicht von späteren Flutbasalten begraben. Geophysikalische Untersuchungen zeigen Anzeichen von kreisförmigen Merkmalen, sowohl unter dem Deccan als auch den sibirischen Traps.

Einige Forscher legen nahe, dass der Einschlag von Yucatan von einem Verneshot-Projektil verursacht worden ist, während in den Deccan Traps ein Gasausbruch stattgefunden hat.

5. Ein Asteroid hat einen Verneshot hervorgerufen.

Ein, auf die Erde treffender Asteroid könnten spezifische Stellen des Kraton schwächen und ein Verneshot hervorrufen. Der Einschlagskrater und die Verneshot-Explosion könnten sehr weit voneinander entfernt oder am gleichen Ort sein. Die kombinierten Effekte des Asteroiden, die überhitzten Gase (einige von ihnen giftig), die aus dem Verneshot fallenden Felsen und die langanhaltenden Staubwolken hoch am Himmel sind ausreichend, um das Aussterben der Kreidezeit zu verursachen.

Eine Variation dieser Hypothese besagt, dass die Verneshots und nicht die Einschläge für die Massenausrottung verantwortlich gewesen sind.

6. Vielfache Einschläge über einen Zeitraum von Hunderttausenden von Jahren.

"Ein erheblicher Anteil der Kometen, müsste jedoch in diskreten Schauern ankommen, ausgelöst durch einen relativ engen Durchgang eines Sterns oder einer interstellaren Gaswolke. Frühe Berechnungen zeigten, dass derartige Kometenschauer in etwa 1 Myr dauern sollten", schrieben P. Hut, W. Alvarez, W. Elder, T. Hansen, E. Kauffman, G. Keller, E. Shoemaker, und P. Weissman in dem Artikel *"Comet showers as a cause of mass extinctions"* der im Jahr 1987 in der Zeitschrift *Nature* veröffentlicht wurde.

1 Myr steht für 1 Million Jahre.

Forscher haben Anzeichen von Weltraum-Boliden gefunden, die zu ein wenig unterschiedlichen Zeiten vor rund 65 Millionen Jahren eingeschlagen haben, was die graduelle Idee bekräftigt.

Nach Gerta Keller, Geologin und Paläontologin in Princeton, existieren starke Beweise für drei Einschläge am Ende der Kreidezeit, gefolgt von Klimaveränderungen.

Sankar Chatterjee, ein Paläontologe an der Texas Tech University erklärt, dass sich die Beweise häufen, dass es auf der gesamten KP-Grenze mehrere Boliden-Einschläge gegeben hat, wie der Chicxulub-Krater, der Shiva-Krater in Indien, der Boltysh-Krater in der Ukraine und der Silverpit-Krater in der Nordsee.

"Die Synchronizität der Deccan Traps mit der KT-Grenze, ihre geographische Nähe mit dem Krater, und das Auftreten von einer dicken Schicht von geschocktem Quarz unterhalb der untersten Lavastroms besagen deutlich, dass der Deccan-Vulkanismus durch den Shiva-Einschlag ausgelöst worden sein könnte", meinte Sankar Chatterjee.

Forscher beurteilen neuerdings mit mehr Wohlwollen die Idee, dass Boliden in Bündeln wandern können.

Neue Funde können vielleicht eine Antwort auf die Kritik an der Theorie des Einzel-Einschlags geben. Paläontologen haben schon lange darauf hingewiesen, dass die Fossilienfunde der späten Kreidezeit einen langsamen Niedergang vieler Lebensformen aufweisen, eher als ein einziges, großes Wegsterben aufgrund eines kosmischen Schlags. Das schien nicht vereinbar mit der Impakt-Katastrophe. Eine Reihe von Einschlägen könnte diesen langsamen Niedergang verursacht haben.

Geologische Hinweise aus Mexiko, Haiti, Guatemala und Belize, die Keller und ihre Kollegen erfasst hatten, lassen vermuten, dass eine Flut von Weltraumkörpern im Laufe von 400.000 Jahren auf die Erde eingeschlagen war. Das erste davon war das Chicxulub-Ereignis, das zweite war ein noch nicht lokalisierter Impaktor am Ende der Kreidezeit und dann noch ein weiterer, rund 100.000 Jahre später.

Simon Kelley (Open University, UK) und Eugene Gurov vom Institut für Geologische Wissenschaften der Ukraine berichteten, dass sieben Proben aus geschmolzenem Gestein aus den Tiefen des Boltysh-Kraters ein Durchschnittsalter von 65,2 Millionen Jahren ergaben.

"Es ist so klar", sagte Gerta Keller. "In den letzten Jahren wurden enorme Mengen an neuen Daten gesammelt, die auf mehrere Einschläge hinweisen." "Aktuelle Beweise befürworten drei Impakt-Ereignisse über einen Zeitraum von rund 400.000 Jahren."

7. Vulkantheorie.

Die Vulkan- und Treibhausgas-Theorie gilt als die wichtigste Alternative zu der Asteroiden-Einschlag-Hypothese.

Sie wurde von Dewey McLean, Professor für Geologie an dem Virginia Polytechnic Institute und der State University hervorgebracht. Im Jahr 1979 begann er die Massenausrottung der Kreidezeit mit dem Deccan-Trap-Vulkanismus in Indien zu verknüpfen. Dies brachte ihn in Konflikt mit dem, von Luis Alvarez geleiteten Team, das zu der gleichen Zeit dabei war, die Asteroiden-Theorie zu entwickeln. Beißend kritisch über Forscher, die seine Ideen abgelehnten, salge Alvarez in einem Telefoninterview: "Ich sage nicht gerne Schlechtes über Paläontologen, aber sie sind wirklich keine guten Wissenschaftler. Sie sind eher wie Briefmarkensammler."

Der Impakt-Theorie von Alvarez zufolge, wurde die Iridium Anreicherung and der KP-Grenze von einem, auf die Erde treffenden Asteroiden geliefert. Im Jahr 1981 legte McLean nahe, dass der Mantelplume-Vulkanismus der Deccan Traps das Iridium der Grenze vom Erdkern freisetzte, der ebenfalls reich an Iridium ist. Auch heute setzt der Hotspot-Vulkan, der die Deccan Traps hevorgebracht hat, der Piton de la Fournaise auf der Insel La Réunion (französisch für Spitze der Furnace), noch immer Iridium frei.

Geschockter Quarz, ein wichtiger Teil der KP- Grenztonschicht, ist eine Hochdruckmodifikation von Quarz, der an der Einschlagstelle oder in deren Nähe entsteht. Er entsteht unter derart hohem Druck, dass der Einschlag eines Weltraumkörpers die einzige natürliche Art und Weise darstellt, auf die er auf der Erde entstehen kann. Geschockter Quarz wurde nach unterirdischen Atombombentests entdeckt, welche den enormen Druck hervorbringen, der erforderlich ist, um geschockten Quarz entstehen zu lassen.

Die Entdeckung von Spuren von geschocktem Quarz in geologischen Schichten ist ein sehr guter Indikator für einen Einschlag oder eine nukleare Explosion.

Geschockter Quarz wird weltweit gefunden, in der dünnen Kreide-Paläogen-Grenzschicht, und er ist ein wichtiger Beweis dafür (zusätzlich zu der Anreicherung von Iridium), dass der Übergang zwischen den beiden geologischen Perioden durch einen massiven Impakt verursacht worden ist.

Wenn auch Geologen generell anerkennen, dass die Einschläge diese Brüche verursachen würden, legen einige Wissenschaftler nahe, dass sie auch das Ergebnis von Vulkanausbrüchen sein könnten.

Die Basaltfluten könnten die KP-Ausrottung über verschiedene Mechanismen verursacht haben: durch die Freisetzung von Staub und Schwefel-Aerosolen in die Luft, was zu einer Blockierung des Sonnenlichts und dadurch zu einer Verringerung des Photosynthese führt. Kohlendioxid-Emissionen haben den Treibhauseffekt versärkt als der Staub und Aerosole aus der Atmosphäre entfernt wurden, was die Ursache einer globalen Erwärmung, einer Versäuerung der Ozeane, giftiger Schwefelmengen und Kohlendioxid, saurem Regen usw., war.

Die marinen Arten in den Ozeanen wurden durch Erwärmung und Versäuerung des Oberwassers abgetötet, da atmosphärisches Kohlendioxid und Schwefel in sie hinein diffundierte. Fossilien zeigten, dass Meerestiere kleiner wurden (der Liliput-Effekt) und weniger komplex. Schwefel könnte mit Kalzium eine chemische Reaktion eingeganen sein, so dass für Meeresbewohner, die das Element benötigen, um ihre Schalen und Skelette zu bauen, Kalzium nicht mehr in ausreichenden Mengen zur Verfügung stand.

McLean legte nahe, dass die, durch den massiven Vulkanismus verursachten, relativen Temperaturen die Fortpflanzung der Dinosaurier beeinträchtigt hätten, was schließlich zu deren Ausrottung führte.

8. Serien von Asteroid-Einschlägen nebst Vulkanen.

Skeptiker haben sich lange gefragt, ob ein Aster-oid allein für das Aussterben verantwortlich war. Sie schlugen die Theorie vor, dass zwei verschiedene Ausrottungen die Dinosaurier erledigten.

Eine Pressemitteilung der Princeton University vom September 2003, besagt: "Keller und eine wachsende Zahl von Kolleginnen und Kollegen auf der ganzen Welt bringen Beweise darüber zum Vorschein, dass es nicht so sehr ein einzelnes Ereignis war, sondern ein intensiver Zeitraum von Vulkanausbrüchen sowie eine Reihe von Asteroid-Einschlägen, die wahrscheinlich das Ökosystem der Welt bis an die Grenze seiner Belastbarkeit gebracht haben. Auch wenn ein Asteroid oder ein

Komet zur Zeit der Dinosaurier-Ausrottung wahrscheinlich auf die Erde eingeschlagen hat, ist dies sehr wahrscheinlich, wie Keller sagt, der Tropfen gewesen, der das Fass zum Überlaufen gebracht hat und nicht die alleinige Ursache."

Die Verfechter dieser Theorie behaupten, dass die Eruptionen 300.000 bis 200.000 Jahre vor dem Asteroiden-Einschlag begonnen hatten, und ungefähr 100.000 Jahre fortgedauert haben.

"Das Zeug, das da unten (im Ozean) gelebt hat, ist während des vulkanischen Ausrottungsereignisses ausgestorben", sagte Peter Ward.

Die meisten Landtiere starben während der As-teroiden-Einschläge.

Die Deccan Traps sind die Impakt-Stelle eines früheren, riesigen Meteors, der mindestens doppelt so groß wie der Chicxulub-Asteroid gewesen ist. Die Beweisstücke dieses Einschlags wurden durch den Auftrieb von Lava überflutet.

Computersimulationen zeigen, dass, sobald der Einschlag des Meteoriten, die darüber liegenden Felsen weggeblasen hatte, die darunter liegenden, die dadurch entlastet waren, dann zu Lava werden konnten.

"Die ganze Geschichte ist das, was unter dem Krater passiert", sagte Adrian P. Jones, ein Geologe am University College London und

Hauptautor des Artikels, der dieses Ausrottungs-Szenario präsentiert hat.

"Es ist eher wie mit einem Heißluftballon und einem Stift. Die Leute haben die Energie des Stifts sehr genau berechnet, aber sie haben vergessen, dass der Ballon im Begriff ist zu zerplatzen."

Abbott und Isley berichten, dass ihre statistische Analyse mit 97 Prozent Konfidenzniveau zeigt, dass 9 von 10 Perioden von schwerem Meteoritenbeschuss den Perioden von massivem Vulkanismus entsprochen hatten.

9. Verbrennung der Ölfelder von Cantarell

Verbranntes Öl und Gas, nicht Vegetation, verursachten den Ruß in der Grenzschicht am Ende der Kreidezeit.

Cantarell ist ein äusserst riesiges Ölfeld in Mexiko. Es ist mit Abstand das größte Ölfeld in Mexiko, und eines der größten in der Welt.

Cantarell umfasst vier große Felder. Die Reservoires wurden von Karbonatbrekzien (Felsen aus eckigen Brocken, eingebttet in einer feineren Matrix, die durch Erosion, Einschläge, vulkanische Aktivität usw. gebildet werden) der späten Kreidezeit gebildet, und das ist der Schutt von dem Asteroiden-Einschlag, der den Chicxulub-Krater hervorgerufen hat.

In ihrem Artikel "*Combustion of fossil organic matter at the Cretaceous-Paleogene (K-P) boundary*", der im Jahr 2008 veröffentlicht wurde, legten Mark C. Harvey, Simon C. Brassell, Claire M. Belcher, und Alessandro Montanari nahe, dass die KP-Massenausrottung durch die Verbrennung der Ölfelder von Cantarell verursacht wurde, was zu einem Treibhauseffekt führte.

Claire Belcher und Kollegen an der Royal Holloway-University von London in Surrey, Großbritannien, schrieben in einem Artikel in den *Proceedings of the National Academy of Sciences USA*, dass die Mischungen von Kohlenstoff-basierten Molekülen im Ruß in der Regel nicht mit denen, die durch die Verbrennung von Vegetation erzeugt werden, übereinstimmen, stattdessen ähneln sie denen, die gebildet werden, wenn Kohlenwasserstoffe wie Gas und Öl verbrannt werden.

Der Asteroid, der in die Erde eingeschlagen war, hatte ein supermassives Molotowcocktail (Benzinbombe) hervorgebracht, so dass enorme Mengen von brennenden Erdölprodukten in die Atmosphäre hinaus geschleudert wurden. Dieses sollte als das größte und tödlichste Molotow-Cocktail aller Zeiten im Guinness-Buch der Weltrekorde verzeichnet werden.

10. Extraterrestrische Kontamination.

Ausserirdisches genetisches Materials hatte die KP-Massenausrottung verursacht, die Evolution enorm beschleunigt, und ist im richtigen Moment verschwunden, genau bevor es für das irdische Leben verhängnisvoll wurde, genauso wie Impfstoffe.

Die Panspermie-Hypothese besagt, dass das Leben auf der Erde aus dem Weltraum "gesät" wurde. Überall im Weltraum gibt es Leben, in Form von genetischem Material, Keimen oder Sporen und es wird über das gesamte Universum verteilt. Die konstante Weitergabe von lebensfähigen Organismen oder genetischen Bausteinen zwischen den Weltraumkörpern durch Kometen, Weltraumstaub und Asteroiden erfolgt die ganze Zeit.

Fred Hoyle und Wickramasinghe zufolge werden kosmische Gene als ein Motor der Evolution der Arten betrachtet.

Zu der Idee einer außerirdischen Kontamination als Ursache der Ausrottung der Kreidezeit werden in dem Buch *Hoyle's Universe* Hypothesen aufgestellt, wobei Artikel von verschiedenen Forschern wie ChanChandra Wickramasinghe and Max K. Wallis präsentiert werden.

Wallis argumentiert, dass die exotischen Aminosäuren in der KP-Grenzzone nicht außerirdisch sind, sondern ein Indikator für exotische, pathogene Mikropilze, die in diesem Zeitraum florierten. Die Gene, die für Enzyme kodieren und dabei die Aminosäuren erzeugen, sind mit dem Mikroorganismen enthaltenden Kometenstaub aus dem All angekommen, vielleicht als tatsächlich nicht-terrestrische Pilze oder als neuartige Gene, die in die bestehenden Mikropilze aufgenommen wurden.

Die neue Art von Pilzen mit außerirdischen Genen war für viele Organismen der Kreidezeit pathogen. Aufgrund der neuartigen biochemischen Eigenschaften waren sie besonders virulent.

Der Stress der massiven Einführung von extraterrestrischer Biota auf die lokale Fauna und Flora verursachte nicht nur Massenausrottung, sondern beschleunigte auch die Evolution. Arten, die entsprechende Abwehrmechanismen entwickelt hatten, überlebten den Pilzbefall.

Das Fehlen von "ausserirdischen" Pilze und exotischen Aminosäuren nach den katastrophalen Ereignissen der Kreidezeit zeigt, dass die exotische außerirdische Biologie den Kampf mit den terrestrischen Organismen verloren hatte.

11. Künstliche Beschleunigung der Evolution auf der Erde.

Es gab zu viele Zufälle für eine geologisch kurze Zeit von nur ein paar zehntausend Jahren: Massive langlebige Vulkane, fortdauerndes Bombardement der Erde durch schwere Bolide, eine gewaltige Injektion mit nichtterrrestrischem genetischem Material oder lebensfähiger ausserirdischer Biota, usw. Dies veranlasste einige Wissenschaftler zu behaupten, dass es sich hierbei um eine bewusste Kontrolle über die Entwicklung auf unserem Planeten handle, durch den bewussten Massenersatz der Fauna und der Flora mit höheren Arten durch irgendeine sehr fortgeschrittene Zivilisation.

Das gelieferte außerirdische biologische Material könnte im Weltraum natürlich vorkommen aber es könnte sich auch um künstliche oder genetisch manipulierte natürliche Biota handeln.

Die größere Idee ist, dass unser Planet, das Sonnensystem, die Flora, die Fauna und die Intelligenz (oder vielleicht das gesamte Universum, was auch immer das sein mag) sich unter einer strengen Kontrolle durch eine höhere Zivilisation befindet, die die Entwicklung der Biota und der Intelligenz zu irgendeinem Zweck steuert.

Auf alle fünf großen Massenausrottungen, die es auf der Erde gegeben hat, folgte ein schneller und tiefgreifender Austausch von Arten durch höhere Arten und dadurch wurde die Entwicklung der Überlebenden beschleunigt.

12. Steuerung durch Gaia.

Die Gaia-Hypothese wurde von James Lovelock in den 1960er Jahren formuliert, als er von der NASA als Teil eines Teams beschäftigt wurde, welches darauf ausgerichtet war, Leben auf dem Mars zu entdecken.

Er suggerierte, dass alle lebenden und nicht lebenden Teile der Erde ein komplexes Wechselwirkungssystem bilden, das als ein einziger Organismus angesehen werden kann, der eine regulierende Wirkung auf die Umwelt der Erde, die Flora und die Fauna hat.

Eine sich selbst tragende Einheit Gaia/Erde würde im Bestiz eines "Immunsystems" sein, um deren Gesundheit und Wohlstand zu erhalten, durch Einwirkung auf die globalen Temperaturen, Salzgehalt der Ozeane, Sauerstoffgehalt der Atmosphäre, und viele andere Umweltvariablen.

Lovelock suggeriert in seinem Buch "Die Rache Gaias", dass Gaia über viele Mechanismen zur Beseitigung von schädlichen Arten und Zivilisationen verfügt, über Treibhausgas-Emissionen und globale Erwärmung, so wie sie es während der Ausrottung im Perm-und der Kreidezeit gemacht hat, wo der grösste Teil der Flora und Fauna auf dem Planeten abgetötet wurde.

Gaia wird den Austausch der Arten auf der Erde ständig überwachen und steuern. Sie hat bereits 99.99% der Arten auf unserem Planeten ersetzt und wird sie auch weiterhin ersetzen. Die Lebenserwartung des Universums beträgt etwa 100 Milliarden Jahren und in Zukunft werden Milliarden und Milliarden von Arten und Intelligenzen entstehen und sie werden durch fortschrittlichere ersetzt werden. Die Massenausrottungen von Tieren, Pflanzen und intelligenten Wesen unter der Kontrolle von Gaia werden weiterhin bestehen.

Lovelock schrieb: "Das gesamte Spektrum der lebenden Materie auf der Erde von den Walen bis zu den Viren und von den Eichen bis zu den Algen könnte als ein einziges Lebewesen betrachtet werden, das in der Lage ist, die Atmosphäre der Erde zu erhalten, um seinen Gesamtbedarf anzupassen und mit Fähigkeiten und Kräften ausgestattet zu werden, weit über die ihre Bestandteile ... [Gaia kann definiert werden] als ein komplexes Gebilde, das die Biosphäre der Erde miteinschließt, die Atmosphäre, die Ozeane und den Boden; die Gesamtheit, die eine Rückkopplung von kybernetischen Systemen darstellt, welche ein optimales physikalisches und chemisches Umfeld für das Leben auf diesem Planeten sucht."

Nun, jetzt wissen Sie, wer die Dinosaurier ausgerottet hat und auch die Menschheit erledigen wird. Ihr Name ist Gaia, ein lebendiges, kybernetisches System. Sie ist Teil eines viel größeren kybernetischen Systems, welches die Galaxie überwacht und steuert, das gesamte Universum, und Sie, so wie Sie jetzt hier lesen.

13. Die Dinosaurier haben gar nicht existiert.

Die sogenannten Dinosaurier-Skelette in den Museen sind Gipsabgüsse.

Bernard Brauer behauptet, dass ein Dinosaurier "ein Haufen zerschmetterter Knochen ist, der von ein paar Tonnen Gips zusammengehalten und in einem Museum ausgestellt wird."

Dinosaurier Entdeckungen sind nur Knochen von verschiedenen Tieren, die miteinander vermischt und aufeinander abgestimmt worden sind, um ein von Menschen geschaffenes, prähistorisches Tier zu bauen, das die Bezeichnung Dinosaurier trägt.

Die Knochen, die in den Museen ausgestellt werden, wurden irrtümlich für die Knochen von anderen Tieren wie riesige Krokodile, Alligatoren, usw. gehalten. Die Knochen dieser Tiere wurden durch das große Gewicht des darüberliegenden Schmutzes und von Felsstücken in unterschiedliche Formen gebogen. Wissenschaftler hätten genauso gut die Knochen eines Wals verwenden können, um einen riesigen Dinosaurier zu bauen. Einige Forscher haben auf der Grundlage eines einzelnen Zahnes oder Knochens einen Gesamtüberblick über ausgestorbene Spezies, einschließlich der Dinosaurier, erstellt.

Wenn uns die Dinosaurier verlassen hätten, wären sie in der Bibel erwähnt worden.

14. Kosmischer Staub.

Vulkanausbrüche der Vergangenheit haben eine nachweisbare Kühlung verursacht. Staubpartikel setzen sich in wenigen Monaten ab, wobei eine kurzfristige Abkühlung hervorgerufen wird.

Die Auswirkungen der Einströmung einer kosmischen Wolke können über mehrere 100.000 Jahre anhalten und nahezu eine Massenausrottung hervorrufen, so eine Studie der Universität von Florida und des Carnegie-Instituts von Washington. Allerdings erfordert diese Theorie auch die Kollision eines Asteroiden, um den Gnadenstoss zu geben. Für sich allein sind, weder der kosmische Staub noch ein Asteroiden-Einschlag nicht ausreichend, um die Dinosaurier auszurotten.

Unser Planet bekommt pro Jahr nahezu 30 Millionen Kilogramm an kosmischem Staub.

"Der Zustrom von interplanetarem Staub auf hohem Niveau könnte über einen längeren Zeitraum von mehreren hunderttausend Jahren bestehen bleiben und damit würde auch jegliche dazugehörige Abkühlung ebenfalls über diesen Zeitraum bestehen bleiben", sagte Stephen Kortenkamp.

"Sie würden einen Asteroiden haben, der in einer Kollision gewesen wäre. Der Typ von Asteroid wird als Trümmerhaufen-Asteroid bezeichnet. Es handelt sich dabei schlichtweg um eine Ansammlung von Ablagerungen, deren Größe von der eines Staubpartikels bis hin zu Trümmern einer Grösse von 2 Kilometern rangiert."

Kollisionen von Asteroiden im Weltraum können eine Welle von Staubpartikeln erzeugen, welche bereits mehrere hunderttausend Jahre oder sogar eine Million Jahre bevor der Asteroid auf die Erdoberfläche trifft, die Erde erreichen. Bereits in dem Zeitraum vor dem verhängnisvollen, endgültigen, katastrophalen Schlag des Asteroiden, erfuhren die Dinosaurier und andere Arten einen allmählichen Untergang, als Folge der erheblichen Abkühlung des Klimas.

15. Die Dinosaurier haben niemals existiert.

Die Fossilien rund um die Erde wurden von Aliens aufgestellt, schlichtweg zum Spaß oder, um der menschlichen Wissenschaft einen Stimulus zu geben.

16. Die Saisonabhängigkeit erledigte die Dinosaurier.

Die Dinosaurier lebten in einem Klima-Paradies des Mesozoikums. Es war die ganze Zeit warm und es gab keine Jahreszeiten. Aufgrund der Klimastörungen tauchten die Jahreszeiten auf und es wurde im Sommer heiß und im Winter kalt. Die Dinosaurier und die meisten anderen Arten konnten sich an derart erhebliche Temperaturschwankungen nicht anpassen und starben in einem sehr kurzen Zeitraum aus.

17. Selen-Vergiftung.

Im Jahr 1967 suggerierte Neil Koch im *Journal of Paleontology,* dass die Dinosaurier und andere Arten durch Selen vergiftet worden waren, das auf der ganzen Welt aus Lava und Gasen abgelagert worden war.

Die Pflanzen und das Wasser wurden giftig und die pflanzenfressenden Tiere begannen auszusterben. Fleischfresser, die das schädliche

Fleisch frassen und das schlechte Wasser tranken, starben ebenfalls aus.

Selen und die vulkanischen Gase dünnten die Schalen der Dinosaurier-Eier aus, so dass diese sogar durch eine sanfte Berührung zerbrachen. Die Eier der Dinosaurier waren groß und sie würden eine sehr dicke Schale benötigen, um nicht unter ihrem eigenen Gewicht zusammenzubrechen.

18. Die Dinosaurier mutierten und wurden Warmblüter.

Die Dinosaurier entwickelten sich weiter und wurden Warmblüter. Aber mit diesem hochentwickelten Stoffwechsel überhitzten sie sich, denn sie waren riesig und so sind sie nach und nach ausgestorben. Nur die vogelartigen Dinosaurier konnten sich an den neuen Stoffwechsel anpassen, weil sie viel kleiner waren.

Paläontologen haben lange vermutet, dass die Dinosaurier kurz vor dem Ende der Kreidezeit Warmblüter gewesen sind.

19. Verunreinigung durch den Besuch Außerirdischer.

Vor 66 Millionen Jahren, hatte ein außeridisches, bemanntes oder biorobotisches Raumfahrzeug oder eine unbemannte Sonde mit extraterrestrischer Biota die Erde versehentlich mit schädlichen Mikroorganismen kontaminiert. Das Immunsystem der einheimischen Arten war nicht in der Lage gewesen das fremde Ungeziefer zu erkennen und zu überwinden, und sie sind massenhaft ausgestorben.

20. Veränderte Schwerkraft.

Aufgrund des interstellaren und interplanetaren Linseneffekts oder der Annäherung von massiven Objekten aus dem Weltraum wie Planetoiden, dunkle Sterne, schwarze Löcher, usw., könnte die Schwerkraft der Erde vorübergehend stark verändert werden, und dabei entweder zu stark oder zu schwach werden.

Auch die Gravitationskonstante G könnte sich verändern. Es ist nahegelgt worden, dass G im Laufe der Zeit, während der Geschichte des Universums, variiert hat.

Wenn die Schwerkraft vorübergehend stark zurückgegangen war, waren die Tiere für eine sehr kurze Zeit fast schwerelos, sagen wir, über mehrere Minuten oder Stunden, und wurden dabei von der Luft getragen, weil sie vor lauter Panik mit den Gliedmaßen chaotische Bewegungen ausführten. Ein Teil der Atmosphäre hatte den Planeten verlassen, wobei das Klima stark verändert wurde. Aufgrund der verringerten Schwerkraft sind viele Vulkane ausgebrochen, was starke Auswirkungen auf die Atmosphäre und das Klima hatte. Sobald die Gravitationstörung zu Ende war, fielen die Arten, die Gewässer, und andere, von der Luft getragene Dinge zurück auf die Erde. Alle großen Tiere wurden zerschlagen, ihre Eier, ebenso. Nur kleinere Tiere und die fliegenden, vogelartigen Dinosaurier haben überlebt.

Wenn die Schwerkraft vorübergehend sehr stark wird, gehen große Tiere unter ihrem eigenen Gewicht zugrunde.

Eine Variation dieser Hypothese besagt, dass die Dinosaurier angefangen hatten, sich an die graduelle Erhöhung der Schwerkraft anzupassen, in dem sie kleiner wurden aber das erfolgte nicht schnell genug. Die Dinosaurier wurden zu schwer, und es fiel ihnen nicht leicht sich zu bewegen und so konnten sie nicht genügend Nahrung finden. Die meisten der Dinosaurier gingen, aufgrund ihres Übergewichts an verrutschten Bandscheiben zugrunde. Die Säugetiere waren klein, schnell, aktiv und konkurrierten wegen ihres besseren Stoffwechsels die Dinosaurier aus.

Die schrittweise Erhöhung der Schwerkraft ist eine Folge von 40.000 Tonnen an Material aus dem Weltraum, das unserem Planeten jedes Jahr von Meteoriten, Asteroiden und kosmischen Staub hinzugefügt wird. Die Masse der Erde hat sich deutlich erhöht, so auch die Schwerkraft. Die riesigen Dinosaurier-Arten in der Vergangenheit existierten möglicherweise aufgrund der viel geringeren Schwerkraft in diesem Zeitraum. Jetzt können moderne Tiere die riesigen Größen der Spezies aus dem Mesozoikum nicht mehr erreichen, weil die Schwerkraft viel stärker ist.

Laut John Stojanowski, hat die Bildung von Pangaea die Schwerkraft so sehr verringert, dass Dinosaurier und fliegende Reptilien in der Lage waren, sehr groß zu werden, und das Auseinanderbrechen des Superkontinents rottete sie aus, weil die Schwerkraft auf ihr normales, höheres Niveau zurückgekehrt ist.

Der Mond kann auch Gravitationsveränderungen auf der Erde hervorrufen.

Einige Wissenschaftler vermuten, dass die Existenz einer Megafauna im Mesozoikum das Ergebnis eines großen Himmelskörpers war, der sich, in diesem Zeitraum des Gigantismus, in der Nähe der Erde befand, weil er die Schwerkraft verringerte. Nicht nur die Dinosaurier waren groß, denn in der Tat war ein großer Anteil der Tiere und Pflanzen übergroß.

Dixie Rinehart, ein Design-Ingenieur, schlug vor, dass die Erde von einer kleinen Kugel einer super dichten Materie oder einer schweren Materie durchdrungen worden war, und diese wurde im Kern der Erde eingefangen, was zu einer Zunahme der Erdmasse führte, was große Dinosaurier aufgrund ihres hohen Gewichts an der Ausübung ihrer Lebensfunktionen hinderte. Solche riesigen Dinosaurier konnten nur bestehen, als die Schwerkraft viel geringer war. Die riesigen Reptilien des Mesozoikums konnten nur fliegen, als die Schwerkraft viel geringer war.

Sie waren viel zu schwer, um die weltweite Störung der Schwerkraft der Erde zu überleben.

21. Giftige Algen.

Im Jahr 2009 veröffentlichten James Castle und John Rodgers, beide Wissenschaftler an der Clemson University, in der Zeitschrift *Environmental Geosciences* ihre Idee, dass Giftstoffe aus Algen bei allen fünf großen Massenausrottungen eine wichtige Rolle gespielt hatten und dabei 50 bis 90 Prozent der Arten vernichtet wurden.

Die Autoren behaupten, dass Katastrophen wie massiver Vulkanismus, Änderungen in der Chemie des Wassers, erhöhte UV-Strahlung, Einschläge von Boliden, Dürre, Veränderungen der Meeresspiegel, und die globale Erwärmung eine Quelle der schweren Umweltbelastungen sein könnten, die zu einer erhöhten Produktion der von Algen produzierten Giftstoffe führen oder beitragen könnten.

Derzeit existieren diese mikroskopisch kleinen Pflanzen in der Regel in kleinen Konzentrationen in den Flüssen, Teichen, Seen und Meere, und sind harmlos, aber eine plötzliche Belastung, wie Erwärmung des Wassers oder eine Injektion von Staub kann eine schnelle Blüte hervorrufen, die Fischen, Vögeln Meerestieren, oder auch dem Menschen aufgrund der von Algen produzierten Giftstoffe zum Verhängnis werden kann.

Einige Arten von menschlichen Krankheiten, die zum Tod führen, werden den von Algen produzierten Toxinen zugeschrieben. Die Autoren schrieben, dass "neben der direkten Auswirkungen dieser Toxine, kann die, durch Algenblüten produzierte große Masse an organischem Material während des Zerfalls zu einem Mangel an gelöstem Sauerstoff führen, und kann dadurch den Tod von einigen Lebewesen indirekt verursachen. Toxin-produzierende Algen nehmen eine Vielzahl von modernen marinen, Brack- und Süßwasser-Milieus ein. Ihr Wachstum im aquatischen Milieu wird durch warme Wassertemperaturen, erhöhte Konzentrationen ananorganischen Kohlenstoffs (zB. CO_2), und einer reichlich bioverfügbaren Nährstoffversorgung begünstigt. Moderne, Toxin produzierende Algenblüten kommen mit zunehmender Häufigkeit vor, was mit der globalen Erwärmung in Beziehung stehen könnte."

Der Fallout eines Impakts aus dem Weltraum oder eines Vulkanausbruchs versinkt im Wasser und mischt sich mit der Nahrung der Algen, und es kommt zu einer Überbevölkerung, wobei erhebliche Mengen an Chemikalien freigesetzt werden, die eine Vielzahl an Gesundheitsproblemen oder den Tod durch Neurotoxine verursachen können. Die Vegetation in der Nähe von Wasser in Flüssen, Meeren und Ozeanen assimiliert die toxischen Moleküle und gibt sie an pflanzenfressende Tiere weiter.

Castle und Rodgers zufolge, zeigt der Fossilienbestand eine deutliche Zunahme des Algenreichtums, in Übereinstimmung mit den Massenausrottungen.

22. Stress.

Heinrich Erben der Universität Bonn in Deutschland entdeckte, dass die Eierschalen der Dinosaurier in der Nähe der KP-Grenze zu dick (der Embryo im Ei erstickte oder das Küken konnte sich seinen Ausgang nicht aufpicken und starb) oder zu dünn (Eier brachen sehr leicht oder der Embryo trocknete aus) gewesen sind.

Laut Erben, lebten die Dinosaurier bequem in ihren geliebten Sümpfen, das Klima war warm und konstant, die Nahrung war reichlich, was ihnen eine "biologische Prosperität" erbrachte, und diese führte dann wiederrum zu Überbevölkerung, Überernährung und Stress. Unter einem ähnlichen Stress wird der Hormonhaushalt der modernen Vögel unausgewogen: Stress könnte auch bei weiblichen Dinosauriern den Östrogenspiegel erhöht haben, was zu dünnen Eierschalen geführt hat.

Die Forscher berichteten, dass versteinerte Eierschalenfragmente von Dinosauriern in Europa gefunden wurden, welche zwei Arten von Störungen zeigten, einige hatten mehrere Schalenschichten, während andere krankhaft dünn waren. Beide Situationen waren tödlich.

Die Eier, die im westlichen Teil der Brutplätze im Bundesstaat Gujarat, Indien, entdeckt worden waren, hatten keine Embryonen im Inneren. Wissenschaftler behaupten, dass während der späten Phase die weibliche Bevölkerung weit größer war als die männliche und die Dinosaurier in großen Mengen unbefruchtete Eier hervorgebracht hatten.

23. Sie wurden durch Impotenz erledigt.

Chaoqun Yang, ein chinesischer Gelehrter, behauptet, dass massive klimatische und geologische Veränderungen aufgrund der schweren Erdbeben und massiver Vulkanausbrüche am Ende der Kreidezeit, die endgültige Unfruchtbarkeit der männlichen Dinosaurier zur Folge hatten.

Seine Theorie basiert auf der Tatsache, dass zu viele gut erhaltene Fossilien von Dinosaurier-Eiern in dem Xixia Becken in der zentralen Provinz Henan gefunden wurden. Die Eier-Fossilien übertreffen bei weitem die Anzahl der Fossilien ausgewachsener Dinosaurier.

Chaoqun Yang glaubt, dass trockenes Wetter während der Kreidezeit veranlasst hat, dass die Wasserstände in den Seen sanken, was zu höheren Konzentrationen an Salzen und Mineralien im Wasser führte. Die großen Mengen an Mineralstoffen, vor allem die Sulfate im Trinkwasser und das viel heißere und trockenere Klima hatten die Fortpflanzungsorgane der Dinosaurier beschädigt. Und sie starben aus.

24. Die biblische Zeit war vorbei.

Der Bibel zufolge, war im Altertum alles anders. Alle Geschöpfe lebten viel länger. Methusalem lebte fast 1000 Jahre. Er war der älteste Mensch der aufgezeichneten Geschichte. In diesen alten Zeiten, wuchsen alle Tiere und Pflanzen während ihres sehr langen Lebens weiter. Das ist der Grund, weshalb viele Kreaturen, einschließlich der Dinosaurier, so "furchtbar" groß geworden sind. Sir Richard Owen nannte diese Kreaturen

Dinosaurier, was so viel wie schreckliche Echsen bedeutete, *deinos* für "schrecklich", *sauros* für "Eidechse".

Als die biblische Zeit vorbei war (weil der Allmächtige das gesagt hatte), war auch die Super-Langlebigkeit vorbei, und auch die Körpergröße der Arten konnte die gewaltigen Dimensionen der Vergangenheit nicht mehr erreichen aber bei vielen Tieren, darunter die Dinosaurier, ist dieser Prozess fehlgeschlagen.

25. Dinosaurier hat es nie gegeben – Quantenmechanik.

Der Blick auf etwas bewirkt, dass es eintritt. Wenn Sie das nicht glauben, dann verstehen Sie keine Quantenmechanik. Wenn Sie keine Quantenmechanik verstehen, dann werden Sie niemals den Mechanismus der Existenz und Auslöschung der Dinosaurier verstehen. Die Dinosaurier-Fossilien (also, die hypothetischen alten Dinosaurier selbst) existieren nicht wirklich, bis jemand einen Blick auf sie wirft. Nur wenn ein Beobachter erscheint (Menschen, im Falle unseres Planeten) und sie ansieht, treten sie ins Dasein, als ob sie bereits seit vielen Millionen von Jahren existiert hätten. Dies ist eine der kniffligen Paradoxien der Quantenmechanik.

26. Expansion der Erde.

Katastrophale Zerbrechen eines Kontinents und Kontinentaldrifts, und/oder eine erhöhte Schwerkraft aufgrund der Expansion der Erde vernichtete die Dinosaurier und viele andere Arten.

Im Jahre 1834, während der zweiten Reise der Beagle, kam Charles Darwin bei der Untersuchung von stufenförmigen Ebenen in Patagonien zu dem Schluss, dass ein riesiges Gebiet von Südamerika emporgehoben worden war, und schlug vor, dass der Auftrieb in diesem kontinentalen Maßstab die graduelle Expansion der Erde erforderte.

Im Jahr 1888, brachte Ivan Yarkovsky die Idee hervor, dass eine Art Äther (raumfüllender Stoff oder Feld) in der Erde absorbiert, und zu neuen chemischen Elementen umgewandelt wird. Auf diese Weise nimmt ihre Masse zu, und zwingt unseren Planeten sich zu erweitern.

Im Jahr 1889 veröffentlichte Roberto Mantovani seine Theorie der Expansion der Erde und der Kontinentaldrift. Er vermutete, dass in der Vergangenheit ein einziger Kontinent die gesamte Oberfläche einer kleineren Erde bedeckt hatte. Thermische Expansion führte zu vulkanischer Aktivität, welche die Landmasse in mehrere kleinere Kontinente auseinandergebrochen hat. Diese Kon-

tinente drifteten auseinander, aufgrund einer weiteren Expansion.

Im Jahr 1956, schlug der australische Geologe Samuel Warren Carey Starting, eine Massen-
zunahme der Planeten vor und meinte, dass eine
endgültige Lösung für dieses Problem nur in einer
kosmologischen Perspektive möglich sei, im Zusammenhang mit der Expansion des Universums.

Der Comic-Künstler Neal Adams hat ebenfalls einen Mechanismus der Expansion vorgeschlagen. Positronen-Partikel, eine Form von An-
timaterie, erscheinen kontinuierlich im Inneren
des Erdballs und verbinden sich mit anderen Teilchen, während Gamma-Strahlen freigesetzt werden und neue Materie gebildet wird. Adams
machte ein schönes Video, und wir können sehen,
dass die heutigen Kontinente perfekt vereinigt
werden können, indem man sie auf eine Erde eines kleineren Durchmessers platziert. Sie alle pas-
sen, in einem einzigen Kontinent, sauber zusammen.

Nikola Tesla war davon überzeugt, dass er
experimentell nachgewiesen hatte, dass die Weltraumkörper expandieren.

Tesla schrieb in seinem Artikel "*Expanding
Sun Will Explode Some Day*", der im Jahr 1935 im
New York Herald Tribune veröffentlicht wurde, wie
folgt: "Die Kondensation der primären Substanz

geht kontinuierlich weiter, dies wurde in einer Messung nachgewiesen, denn ich habe durch Experimente bestimmt, welche ohne Zweifel anerkennen, dass die Sonne und andere Himmelskörper ständig an Masse und Energie zunehmen und letztlich explodieren müssen, und damit zu der primären Substanz zurückkehren."

Es gibt auch Anregungen, dass die Erde periodisch schrumpft und expandiert.

27. Die Dinosaurier begingen Massenselbstmord.

Die Dinosaurier entwickelten eine Zivilisation, und sie waren in der Lage, Sterne, Planeten, Asteroiden, usw., mit ausgefeilten astronomischen Instrumenten zu beobachten. Sie wussten, dass ein riesiger Weltraumkörper kommen, auf die Erde treffen und dabei alle Lebewesen töten würde. Und sie haben Massenselbstmord begangen. Die wenigen überlebenden Dinosaurier starben aufgrund von Stress.

28. Die Dinosaurier furzten zu viel.

Dinosaurier haben sich ihren Weg zum Aussterben zurecht gefurzt, meinen britische Wissenschaftler.

Die Dichte an tierischer Biomasse (kg/km²) während des Mesozoikums war die höchste Dichte an Biomasse der Erdgeschichte. Die erzeugten Mengen an metabolischem Methan waren enorm.

In dem, im Jahr 2012 in der Zeitschrift *Current Biology* veröffentlichten Artikel "*Could Methane Produced by Sauropod Dinosaurs Have Helped Drive Mesozoic Climate Warmth*?", haben Graeme Ruxton, Euan Nisbet, und David Wilkinson, unter Verwendung der Verdauungsprozesse von Kühen als Ausgangspunkt, herausgefunden, wie viel Treibhausgas die Milliarden von Dinosauriern während des Mesozoikums erzeugt haben würden.

Britische Wissenschaftler haben berechnet, dass die, von furzenden Dinosauriern erzeugte Menge an Methan, die Atmosphäre erheblich beeinflusst, und das Klima der Erde spürbar erwärmt haben würde.

Das Team hat ausgerechnet, dass Sauropoden, die Gruppe, der auch der Brontosaurus angehört, pro Jahr um die 520 Millionen Tonnen Methan produziert haben könnten.

Die Methan-Freisetzung wurde durch Erdbeben und Kontinentalverschiebungen während der Kreidezeit sogar noch weiter erhöht.

Eine Variation dieser Theorie besagt, dass aufgrund des gefurzten Methans nicht genügend Sauerstoff zum atmen vorhanden war.

Eine andere Variante behauptet, dass die übermäßigen Mengen an Methan in der Luft riesige Flächenbrände verursacht haben, die nahezu die gesamte Vegetation zerstört und das Klima verändert haben. Wegen mangelnder Nahrung sind die meisten Pflanzenfresser ausgestorben, die Fleischfresser, ebenso.

Wie viele moderne Pflanzenfresser, beherbergten auch die Dinosaurier eine vielfältige Gemeinschaft an Mikroben in ihren Eingeweiden, um ihnen dabei zu helfen, ihre Nahrung aufzuspalten und zu verdauen, ein Vorgang, bei dem Methan produziert wird. Am Ende der Kreidezeit erschienen viele neue Mikrobenarten, einige von ihnen waren mutierte Mikroben, andere waren vollkommen neu für das Ökosystem.

Einige der neuen Mikroben in den Eingeweiden der Dinosaurier waren hyperaktiv und produzierten immense Mengen an Methan und manchmal ist es sogar vorgekommen, dass ein Dinosaurier explodiert ist. Forscher fanden versteinerte Dinosaurier-Skelette mit den Knochen ihrer Nachkommen in alle Richtungen verstreut, und sie waren zu dem Schluss gekommen, dass die Eltern (manchmal auch nur die Mutter oder der Vater) explodiert sein müssten. Eine Anhäufung von Gas in den Körpern der Erwachsenen Dinosaurier, weil sie zu viel gefressen oder sich nach dem Tod zersetzt haben, erzeugte einen derartigen Druck, dass sie aufplatzten, wobei ihre Eier, Embryos, und die Körperteile der Babies in alle Richtungen geflogen sind.

Mehrere ähnliche Fossilienfunde einer "Explosion der Karkasse" sind identifiziert worden. Diese wurde die am meisten akzeptierte Erklärung für die spezifische Position der Knochen und wurde in Dutzenden von wissenschaftlichen Arbeiten zitiert.

29. Die Dinosaurier sind noch immer am Leben.

Die Dinosaurier sind noch am Leben, aber sie leben in der Zukunft. Sollten die Menschen zukünftige Zeiten erreichen, wenn sie so lange überleben, dann werden sie herausfinden, dass die Zukunft bereits von einer Dinosaurier-Zivilisation besiedelt ist. Kurz vor dem Ende der Kreidezeit, wurde eine der Dinosaurier-Arten intelligent und erstellt eine Zeitmaschine, um auf diese Weise dem Menschen eine Zukunft zu verweigern.

30. Super heiße LIPs.

Matthew Jackson und sein Team an der Boston University haben nahegelegt, dass man die größten Ausrottungen zu spezifischen, massiven Eruptionen zurückverfolgen kann, die von zwei ungewöhnlichen Hotspots im Erdmantel stammen.

Tief in der Erde, gibt es riesige Blobs von super heißer Magma, die manchmal große Bereiche der Oberfläche überschwemmen, mindestens 100.000 Quadratkilometer, und sie lassen dabei unterschiedliche geologische Regionen hinter sich, die als magmatische Provinzen (im Englischen LIPs von *large igneous province*) bezeichnet werden. Der Deccan Trapp ist eine derartige Formation. Sie wurden zu der Zeit gebildet, als die Dinosaurier ausgerottet wurden.

31. Die Umlaufbahn der Erde wurde durch irgendetwas gekippt.

Die Jahreszeiten werden nicht von der Umlaufbahn unseres Planeten um die Sonne und der Entfernung von der Sonne hervorgerufen. Sie werden stattdessen von der Neigung der Erdachse hervorgerufen. Diese beträgt 23,4 Grad, in Bezug auf die Ekliptik (das ist die Ebene, in der die Erde die Sonne umkreist). Wenn die Erde stärker gekippt ist, haben wir extrem heiße Sommer und strenge Winter. Planeten mit einer geringeren Neigung haben demnach gemäßigte Jahreszeiten, also angenehm warme Sommer und milde Winter.

Die Erde schwankt im Weltraum, so dass sich ihre Neigung, in einem Zyklus von rund

41.000 Jahren, um ungefähr 22 bis 25 Grad verändert.

Vor 66 Millionen Jahren wurde die Neigung der Umlaufbahn unseres Planeten stark verändert, was extreme Temperaturen, Veränderungen der Saisonalität und der Niederschläge, drastische Störungen des Klimas auf dem gesamten Planeten, Tsunamis, Erdbeben, geringere Verfügbarkeit von Vegetation und Nahrung, erschwerte Lebensräume und Vermehrung verursachte, was die wichtigsten Einflussfaktoren für die Ausrottung von Arten sind.

In dem Szenario der Abkühlung, waren die Dinosaurier nicht der Lage, sich an das kalte, trockene Klima anzupassen, aber die pelzigen Säugetiere hatten sich erfolgreich an die neuen Bedingungen angepasst.

Die Wissenschaft bestätigt, dass es gegen Ende der Kreidezeit wesentliche Änderungen gegeben hat: die Jahreszeiten sind aufgetaucht, die Temperaturen wurden niedriger, es gab einen Rückgang der Meeresspiegel, und es gab größere Extreme zwischen äquatorialen und polaren Temperaturen.

Änderungen der Umlaufbahn und der Neigung könnten durch andere Himmelskörper oder durch die Rotation der Galaxie und des Universums hervorgerufen werden. Sie könnten periodisch und zufällig sein.

32. Die Dinosaurier haben die Erde verlassen.

Am Ende der Kreidezeit haben sich die Dinosaurier entfaltet und in nur ein paar hunderttausend Jahren haben sie genauso wie die Menschen, eine ausgeklügelte Zivilisation entwickelt. Die Dinosaurier haben vor 66 Millionen Jahren die Erde verlassen, weil sie von der bevorstehenden Kometen-Katastrophe wussten. Manchmal besuchen ihre Nachkommen immer noch die Erde, aber sie greifen nicht in die entstehende primitive Zivilisation der Menschen ein. Wir sollten bedenken, dass die Dinosaurier einen Vorsprung von 66 Millionen Jahren hatten und nun ihre Zivilisation so ausgereift ist, dass es jenseits unseres Verständnisses ist.

Augenzeugen von UFO-Kontakten beschreiben manchmal Dinosaurier-Aliens, die oftmals als Reptoiden bezeichnet werden. Sie haben reptilienartige Haut und Nasenlöcher, krallenartige Finger, große, längliche Augen, usw.

33. Urmenschen haben die Dinosaurier ausgerottet.

Menschliche Knochen, Werkzeuge, Fußabdrücke und Dinosaurier-Knochen koexistieren in den gleichen fossilen Schichten. Es gibt zahlreiche alte Bilder, Figuren, Legenden und Geschichten über die Dinosaurier.

34. Die Dinosaurier wurden von Raupen vernichtet.

Am Ende der Kreidezeit, wurden die alten farnähnlichen Pflanzen durch phanerogamische Pflanzen (diese erzeugen Samen) ersetzt, was zur Entstehung von Insekten, darunter Raupen führte, die sich nur von solchen Pflanzen ernährten.

Stanley Flandern, Insektenforscher an der Universität von Kalifornien behauptete in seinem Artikel *"Did the caterpillar exterminate the giant reptile?"*, dass "es offensichtlich ist, dass die Fähigkeit einer Raupen-Bevölkerung, Pflanzen zu verzehren, der einer Riesen-Reptil-Bevölkerung gleich kommen könnte." "Die inhärente Schwäche des Reptils war die außerordentliche Notwendigkeit eines Reichtums an Pflanzenmaterial. Nur wenige Jahre der Pflanzenknappheit könnte es ausgerottet haben."

Die Raupen der Kreidezeit entwickelten sich in einem rasanten Tempo und aßen von der

Vegetation, so dass für die riesigen pflanzenfressenden Dinosaurier nichts mehr zum Kauen übriggeblieben war. Im Gegenzug, starben dann auch die fleischfressenden Dinosau-rier aus, aus Mangel an Fleischkost. Offensichtlich war das Fangen von Raupen und flinken Säugetieren der Größe einer Ratte war nicht genug für sie, um zu überleben.

35. Flut

Genesis 7, Neue Version des König James.

"Und der Herr sprach zu Noah: „Gehe in die Arche, du und dein ganzes Haus; denn dich habe ich gerecht vor mir erfunden in diesem Geschlecht. Von allem reinen Vieh sollst du sieben und sieben zu dir nehmen, ein Männchen und sein Weibchen; und von dem Vieh, das nicht rein ist, zwei, ein Männchen und sein Weibchen; auch von den Vögeln des Himmels sieben und sieben, ein Männliches und ein Weibliches: um auf der ganzen Erdoberfläche die Arten am Leben zu erhalten. Denn nach weiteren sieben Tagen werde ich veranlassen, dass es auf der Erde vierzig Tage und vierzig Nächte lang regnen wird, und ich werde von dem Angesicht der Erde alles Leben zerstören, das ich erschaffen habe." - Und Noah tat alles, was de Herr ihm geboten hatte. Noah war sechshundert Jahre alt, als die Flut über die Erde kam."

Nun, Noah hat viele Arten gerettet, aber er hatte vergessen (er war immerhin 600 Jahre alt gewesen) oder er hatte keine Zeit, die Dinosaurier oder ein paar Eier auf die Arche zu nehmen, und sie sind in der Flut umgekommen.

36. Kosmische Wasserstoffwolke.

Im Jahr 1939, schlug Fred Hoyle vor, dass Kollisionen mit kosmischen Wolken, von Zeit zu Zeit die Heliosphäre zerstören könnten.

Die Heliosphäre ist ein gigantischer Bereich im Weltraum, der die Sonne umgibt, so eine Art Blase, die sich über die Umlaufbahn des Pluto hinaus erstreckt. Plasma, das von der Sonne "herausgeblasen" wird, bekannt als Sonnenwind, schafft und erhält diese Blase gegen den externen Luftdruck des interstellaren Mediums, dem Wasserstoff und dem Helium, die unsere Galaxie durchdringen.

Gegen Ende der Kreidezeit, ging die Erde durch eine gigantische Wasserstoffwolke hindurch. Wasserstoff- und Heliumatome der Erdatmosphäre haben sich miteinander verbunden und damit wurden gewaltige Mengen an Wasser hervorgebracht, wobei, der für das Atmen benötigte Sauerstoff reduziert und Ereignisse wie bei der biblischen Sinflut verursacht wurden. Die Dinossaurier, so wie der größte Anteil der Arten sind aussgestorben.

Ein anderes Szenario der Wasserstoffwolke legt nahe, dass beim Passieren durch die dichte Wasserstoffgaswolken, große Mengen an Wasserstoff in die Sonne fallen, was dann die Sonne dazu bringt, heller zu strahlen. Diese Erhöhung der Sonnenstrahlung führte zu einer Erhöhung der Temperaturen. Die globale Erwärmung und der Hautkrebs aufgrund der hohen Mengen an schädlicher Strahlung tötete den größten Teil der Arten.

Es ist auch möglich, dass die Wasserstoffwolke die Sonnenstrahlung auf der Erde stark verringert hatte und damit längere Wintereinbruche verursacht hatte und so die subtropischen Klimabedingungen der Kreidezeit verändert wurden. Kaltes Wetter und das fehlende Sonnenlicht zerstörten einen großen Teil der Vegetation und es gab nicht genug Nahrung für die Tiere die diesen Kälteeinbruch überlebten.

Ein weiteres Szenario ist, dass die dichte Wasserstoffwolke die Atmosphäre entzündet hatte und so Milliarden von Tieren zu Tode verbrannten und der größte Teil der Vegetation vernichtet wurde. Im Ton der KP-Grenzschicht gibt es große Mengen an Ruß von diesem enormen Flächenbrand.

Ein Szenario schlägt vor, dass wenn das Sonnensystem, das um das Zentrum der Galaxie der Milchstrasse orbitiert, durch Wasserstoffwolken hindurchgelaufen ist, gewaltige Auswirkungen auf die Umwelt hervorgerufen werden, weil der erhöhte Wasserdampf in der Stratosphäre die Atmosphäre gekühlt hat. Und der Wasserstoff hat die Ozonschicht zertört.

Gary P. Zank vom Bartel Research Institute der University of Delaware, entwickelte eine Computeranimation, die uns zeigte, wie sogar eine kleine kosmische Wolke, die "atmende Blase" der Erde zerplatzen könnte. Nach Zanks Ansicht, verursachen enge Begegnungen mit kosmischen Wolken periodische Ausrottungen.

"Wir sind von heißem Gas umgeben" bemerkte Zank. "Da sich unsere Sonne durch einen äusserst "leeren" interstellaren Raum einer geringen Dichte bewegt, wird von dem Solarwind eine schützende Blase hevorgerufen – die Heliosphäre rund um unseren Solarsystem, durch die das Leben auf der Erde ermöglicht wird. Leider, könnten wir jeden Augenblick in eine kleine Wolken stoßen, und wir würden sie wahrscheinlich nicht kommen sehen. Ohne die Heliosphäre würde neutraler Wasserstoff mit unserer Atmosphäre interagieren, was möglicherweise katastrophische klimatische Veränderungen hervorrufen könnte, während unsere Belastung mit tödlichen kosmischen Strahlungen, in Form von hochenergiereichen kosmischen Strahlen, zunehmen würde".

Das Sonnensystem orbitiert um das Zentrum der Milchtrasse, mit Geschwindigkeiten um die 800 Tausend Kilometer pro Stunde (ungefähr 500 Tausend Meilen pro Stunde) in einer großen Umlaufbahn. Sie bewegen sich durch unsere Galaxie, oszillieren nach oben und nach unten, während das Sonnensystem durch verschiedene Umgebungen segelt. Das Universum ist voll von Molekülwolken.

Zank sagte, dass unsere unmittelbare oder lokale interstellare Umgebung voll von Gasclustern ist, bekannt als Local-Fluff. "Wir werden nicht erfahren, dass unsere Heliosphäre zusammenbricht, bis wir stark erhöhten neutralen Wasserstoff und kosmische Strahlung sehen, so wie eine Wasserstoffwand in der Nähe der äußeren Planeten".

"Der schützende Sonnenwind, würde ausgelöscht werden, und die kosmische Strahlung könnte zu Gen-Mutationen führen. Der Wasserstoff würde die Erde bombardieren, der unseren Planeten mit Wolken bedecken würde, was vielleicht zu einer globalen Erwärmung führen könnte, oder zu extremen Niederschlagsmengen und

Eiszeiten. Zum jetzigen Zeitpunkt können wir nicht jedes Szenario vorhersagen.

37. Kollisionen von Neutronensternen oder schwarze Löcher.

Zwillingssterne erscheinen ständig irgendwo in der Galaxie und erzeugen starke Strahlungen in Form von Gammastrahlen und kosmischen Strahlen, die unsere Erde treffen. Jedoch, sind diese kollidierenden Sterne zu weit entfernt um einen Schaden hervorzurufen und die Strahlungen werden gefahrlos von der Ozonschicht absorbiert.

Aber zwischendurch kollidieren Zwillingssterne in der Nähe unseres Planeten und die Auswirkungen auf unsere Erde sind gewaltig. Die kosmischen Strahlungen zerstören die schützenden Schichten unserer Atmosphäre.

Die Israelischen Wissenschaftler Arnon Dar, Nir Shaviv, und Ari Lior vom *Space Research Institute* an der *Technion University* legten nahe, dass das hochenergetische Jets kosmischer Strahlen aus nahegelegenen Fusionesn von Neutronensternen, die unsere Erdatmosphäre treffen, letale Strömungen von atmosphärischen Myonen in Bodenhöhe, Untergrund und Unterwasser verursachen und die Ozonschicht zerstören und die Umwelt radioaktivieren können, und dadurch die Vegetation verbrennen und folglich fast das ganze tierische

Leben vernichten. Sie könnten den grössten Teil der Massenausrottung in unserem Planeten in den letzten 600 Millionen Jahren verursacht haben. Die von ionisierenden Strahlen verursachten biologischen Mutationen können möglicherweise das schnelle Erscheinen neuer Arten nach dem Massenaussterben stimuliert haben.

"Dieses Studium ist in Wahrheit ein Versuch den größten Mordfall der Erdgeschichte des Lebens zu lösen", sagte Arnon Dar.

Solche Gammastrahlen können auch von der Kollision schwarzer Löcher verursacht werden. Sie können in ein paar Sekunden soviel Energie freisetzen wie eine Supernova.

38. Nemesis und periodische Kometenschauer.

Laut dieser Theorie, unser Sonnensystem hat zwei Sonnen, die sichtbare und die andere, die noch nicht gesehen wurde, die Nemesis (oder der Todesstern); beide bilden zusammen ein Zweisternensystem, wie die meisten Sterne in der Galaxie der Milchstrasse.

Die Nemesis-Hypothese stammt von einem Vorschlag von David Raup und J. John Sepkoski Jr. aus dem Jahr 1983, gestützt auf rigorosen statistischen Analysen der Fossiliensammlung, wobei die letzten zehn Massenausrottungen eine bemerkenswerte Periodizität aufwiesen. Sie schlugen eine durchschnittliche Zeitspanne von ungefähr 26 Millionen Jahren zwischen den Massenausrottungen vor.

Die Raup-Sepkoski-Hypothese hat eine Serie von Spekulationen über mögliche extraterrestrische Ursachen ins Leben gerufen. Die Zeitschrift *Nature* veröffentlichte eine Serie von Artikeln über dieses Thema.

Marc Davis, Piet Hut und Richard Muller veröffentlichten im Jahr 1984 in *Nature* den Artikel *"Extinction of species by periodic comet showers"*.

Sie schlugen vor, dass diese periodischen Massenaustottungen von einer ungesehenen Gefährtin unserer Sonne ausgelöst wurden, von Nemesis (Göttin der Vergeltung). Sie wandert in einer exzentrischen Umlaufbahn, die bei ihrer nächsten Annäherung durch die Oortsche Kometenwolke hindurchgeht. Bei jedem Durchgang stört dieser unsichtbare Begleiter der Sonne die Bahnen der Kometen und sie sendet in großer Anzahl in das innere Sonnensystem. Viele von diesen Kometen treffen die Erde. In der Gegenwart könnte sich Nemesis an ihrer grössten Entfernung von der Sonne befinden, ungefähr 2,4 Lichtjahre.

39. Nibiru hat sie vernichtet.

Ein Objekt der Größe eines Planeten, üblicherweise als Planet X oder Nibiru bezeichnet, verläuft regelmäßig mit einer langen Umlaufdauer durch das innere Sonnensystem und verursacht jedes Mal, wenn er an der Erde vorbeifliegt, Massenausrottungen.

Laut einer 6000 Jahre alten Sumerischen Beschreibung, hat unser Sonnensystem einen weiterens Planeten, der Nibiru genannt wird, was soviel bedeutet wie "Planet des Übergangs".

Zecharia Sitchins Interpretation der Babylonischen Texte zufolge, geht dieser gigantische Planet, der Nibiru oder Marduk genannt wird, alle 3600 Jahre an der Erde vorbei.

Befürworter der Niburu-Theorie behaupten, dass es nicht ausgeschlossen ist, dass die Sonne einen entfernten planetarischen Genossen hat und, dass sich so ein Objekt in weiter Entfernung von den beobachteten Regionen unseres Solarsystems befindet. Dieser Planet hat keine nachweisbare Gravitationswirkung auf andere Planeten.

40. Die Theorie der Überdosierung.

Dem, von Stephen Jay Gould im *Discover Magazine* veröffentlichten Artikel "*Sex, Drugs, and the Extinction of Dinossaurs*" zufolge, "entwickelten sich Drogen, also Angiospermen (Blütenpflanzen) zum ersten Mal gegen Ende des Dinosaurier Reichs. Viele von diesen Pflanzen enthalten psychoaktive Wirkungsmittel, und werden heutzutage von Säugetieren aufgrund ihres bitteren Geschmacks vermieden. Dinosaurier hatten keine Mittel, diese Bitterkeit zu spüren, und auch keine Leber, um sich von diesen Substanzen effektiv genug zu entgiften. Sie starben an massiven Überdosierungen."

Die meisten Säugetiere waren "klug" genug um diese potenziellen Gifte zu vermeiden.

Die Theorie der Überdosierung wurde vom Psychiater und Psychopharmakologen Ronald K. Siegel ins Leben gerufen. Er hat mehr als 2000 Aufzeichnungen von Tieren gesammelt die, wenn sie Zugang dazu haben, verschiedene Drogen zu sich nehmen, von einem Schluck Alkohol bis zu gewaltigen Dosierungen an Heroin. Er argumentierte, dass der Tod durch Überdosis auch helfen könnte, zu erklären, weshalb so viele Dinosaurier-Fossilien in verdrehten Positionen gefunden werden.

41. Die Blütenpflanzen haben sie exterminiert.

Die Blütenpflanzen (Angiospermen) erschienen am Ende der Kreidezeit und die meisten

Tiere konnten sich nicht an die neue Vegetation anpassen. Die Verfügbarkeit an Gymnospermen und Farne war beschränkt, was zu einer Einschränkung von Farnölen in ihrer Ernährung, und aufgrund einer terminalen Verstopfung letztendlich zum Tod der Pflanzenfresser führte.

Eine Variante dieser Theorie lautet das die Dinosaurier aufgrund von Allergien und Heuschnupfen ausgestorben sind. Die Pollen dieser Blütenpflanzen (Angiospermen) verschlimmerten diese Probleme und die Dinosaurer starben durch allergische Reaktionen auf diese neue Vegetation.

Eine andere Variante konstatiert, dass Tannine, Alkaloide und andere in den Angiospermen vorhandene Gifte die Dinosaurier ausgerottet haben.

42. Unausgewogenheit von Männchen und Weibchen.

In ihren Artikel *„Environmental versus genetic sex determination: a possible factor in dinosaur extinction?"* schlugen D. Miller, J. Summers und S. Silber, Experten im Bereich Fruchtbarkeit der Universät von Leeds, eine Theorie vor, derzufolge die Ausrottung der Dinosaurier durch eine Unausgewogenheit zwischen Männchen und Weibchen hervorgerufen worden ist.

Säugetiere, Vögel, alle Schlangen, die meisten Echsen, Amphibien, usw., verwenden spezifische, geschlechtdeterminierende Chromosomen oder Gene. Das Geschlecht wird üblicherweise durch Chromosomkombinationen bestimmt. Das XX/XY Geschlechtbestimmungssystem ist das bekannteste, da dieses System beim Menschen verwendet wird. Weibchen haben zwei Geschlechtschromosomen der gleichen Art (XX), während Männchen zwei verschiedene Geschlechtschromosomen haben (XY).

Reptilien haben einen anderen Stoffwechsel als Säugetiere, und verschiedene Art und Weisen das Geschlecht ihres Nachwuchses festzulegen.

Manche Reptilien, einschließlich aller Krokodilen, vieler Schildkröten und einiger Echsen verwenden eine umwelt- oder temperaturabhängige Geschlechtsdeterminierung. Die Temperatur, bei der die Eier bebrütet werden, beeinflusst das Geschlecht des Fötus.

Globale Temperaturänderungen können das Gleichgewicht zwischen Männchen und Weibchen bei Tieren mit temperaturabhängiger Geschlechtsdeterminierung verzerren und könnten beim Untergang vieler der ausgestorbenen Arten eine bedeutende Rolle gespielt haben, insbesondere bei den Dinosaurern, vor allem wenn die Temperaturänderung zu einem Überschuss an Männchen geführt hat.

„Die Erde ist nicht so giftig geworden, dass das Leben vor 65 Millionen Jahre ausgerottet wurde; nur die Temperatur veränderte sich, und diese großen Tiere hatten keinen Mechanismus entwickelt (wie unser Y Chromosom) um damit zurechtzukommen" sagte Sherman Silber.

Wie konnten Schildkröten und Krokodile diese Massenausrottung überleben?

„Diese Tiere leben in einer Überschneidung zwischen aquatischen und terrestrischen Umgebungen, in Flussmündungen und Flussbetten, die gegenüber den extremeren Effekten einer Veränderung der Umwelt ein wenig Schutz gewährten, was ihnen mehr Zeit gab sich anzupassen", beantworteten die Forscher.

43. Die Trümmer des Impakts haben die Dinosaurier vernichtet.

Die Trümmer der Einschläge von Kometen, Asteroiden oder anderen Körpern aus dem Weltraum sind in die Erdatmosphäre eingegangen, haben den Himmel verdunkelt und niedrige Temperaturen hervorgerufen, was zu einer Zerstörung eines großen Teils der wichtigsten Lebensmittelketten führte.

44. Gefrorene Brennstoffe aus dem Weltraum.

Raumkörper, die hauptsächlich aus gefrorenen Gasen und Flüssigkeiten wie Methan, Wasserstoff, Alkohol, Acetylen, Ethan, usw. bestehen, sind in die Atmosphäre der Erde eingegangen und haben eine riesige Explosion verursacht, wobei die meisten Tier- und Pflanzenarten ausgelöscht worden sind.

45. Eine giftige Staubwolke.

Eine riesige Wolke von giftigem Staub und möglicherweise giftigen Gasen aus dem Weltraum ist in das Sonnensystem eingegangen und hat die Arten ausgerottet.

46. Keine Nahrung, kein Sauerstoff.

Die Zahl der Dinosaurier wurde aufgrund des bevorzugten Zustands auf der Erde so groß und zahlreich, dass sie fast alle Pflanzen verbraucht haben. Die Sauerstoff-Produktion war stark reduziert; die Kohlendioxid-Werte erhöht. Der Sauerstoff war nicht ausreichendg, das Essen war knapp, das Kohlendioxid war zu viel und die meisten der Arten starben aus.

47. Heiße Hoden.

Die Theorie, dass die Hoden der Dinosaurier durch höhere Temperatur beeinträchtigt wurden, wurde von E. Colbert, R. Cowles, und C. Bogert im Jahr 1946 in dem Artikel *"Rate of temperature increase in the dinosaurs"* im *Bulletin of the American Museum of Natural History* veröffentlicht.

Colbert, Cowles und Bogert legten nahe, dass große Dinosaurier bei ihren optimalen Temperaturen lebten (es war nicht leicht, ihre riesigen Körper zu kühlen) und der Anstieg der Temperaturen am Ende der Kreidezeit verursachte bei ihnen eine Überhitzung.

Das heißere Klima führte zu einem Anstieg der Temperatur der Hoden und die Dinosaurier starben aufgrund einer Sterilisierung der Männchen aus, weil die Hoden nur in einem engen Temperaturbereich funktionieren.

Die Hoden der Säugetiere hängen extern in einem Hodensack, weil die innere Körpertemperatur für eine korrekte Funktionsweise zu hoch ist.

Eine Variation der Hoden-Theorie besagt, dass die Dinosaurier endotherm (warmblütig) wurden, aber die Hoden befanden sich noch in ihrem Körper, anstatt außen zu hängen.

48. Dinosaurier und der größte Teil der Vergangenheit haben niemals exisiert.

Dinosaurier sind nur eine Computersimulation. Der größte Teil unserer Vergangenheit, ebenso.

Unsere Vergangenheit, die Dinosaurier und viele andere Dinge haben nie existiert, weil unsere Welt vor einiger Zeit geschaffen wurde, vor ein paar Tausenden von Jahren, vor ein paar Millionen Jahren, oder vor ein paar Stunden. Eigentlich ist unsere Welt vollkommen künstlich. Die "natürliche" Welt und die menschliche "Geschichte" hat es nie gegeben. Wir sind wie exotische Fische in einem teuren Aquarium. Die hohe Intelligenz, die das Aquarium und die Fische besitzt, hat die "Vergangenheit" ganz bewusst mit Rätseln gespickt, um das menschliche Denken zu stimulieren. Dadurch ist die Show unterhaltsamer: die Leute denken, dass sie in einer natürlichen Umgebung leben, die erforscht und kontrolliert werden muss.

Auch wenn sie künstlich erzeugt wurde, basiertdas Modell unserer Welt auf den Prinzipien der Physik, Chemie, Biologie, usw.

Diese alte Idee wird heute von vielen Wissenschaftlern erforscht und sie versuchen herauszufinden, wie sie das testen können. Eine Möglichkeit wäre, Inkonsistenzen, Mängel oder Fehler in dieser simulierten Welt zu finden.

49. Die Dinosaurs sind immer noch hier.

Die Paläontologen Lowell Dingus und Timothy Rowe legen nahe, dass die Dinosaurier nicht verschwunden sind, sie haben lediglich die Flucht ergriffen. Dingus und Rowe schreiben in ihrem Buch *Mistaken Extinction: Dinosaur Evolution and the Origin of Birds*, dass sich die Dinosaurier lediglich zu einer anderen Vogelart entwickelt haben.

50. Seneszenz der Rassen.

Die Seneszenz der Rassen (Phylogerontismus) ist die Idee, dass die Arten, darunter die Dinosaurier, von der Evolutionsstufe einfach weggegangen sind, wenn ihre Zeit abgelaufen war.

Arthur Smith Woodward argumentierte im Jahr 1910 in seiner Ansprache an die Britische Gesellschaft zur Förderung der Naturwissenschaften, dass der Untergang der Dinosaurier eine Folge der Senilität der Rasse war. Als Beweis wies er auf das übermäßige Wachstum, die bedeutende Stacheligkeit, und den Verlust der Zähne der Dinosaurier gegen Ende der Kreidezeit hin.

Das Leben aller Tiere und Pflanzen ist durch eine kontinuierliche Aussterbensrate charakterisiert. Die durchschnittliche Lebensdauer einer Spezies beträgt etwa vier Millionen Jahre, dann stirbt sie aus. Das Entwicklungsmuster der Arten besteht aus Wachstum, Blütezeit und Aussterben, innerhalb von ein paar Millionen von Jahren. Im Durchschnitt wird über die gesamte Geschichte des Lebens jeweils eine Spezies pro Tag ausgerottet.

Von jeweils tausend Arten, die jemals auf der Erde gelebt haben, exisiert heute nur noch eine. 99,9 Prozent aller Arten, die unseren Planeten durchstreift haben, sind ausgestorben.

Diese Theorie besagt, dass die Dinosaurier einfach schon lange genug gelebt haben, und es für sie an der Zeit war, dem Niedergang zu verfallen und zu verschwinden.

In anderen Worten, wenn das Haltbarkeitsdatum einer Art ablaufen ist, wird sie durch eine neue ersetzt.

Im Jahr 1964 schrieb Will Cuppy: "das Zeitalter der Reptilien endete, weil es lange genug gedauert hatte, und es in erster Linie ein Fehler gewesen ist."

51. Explosion eines Raumschiffs.

Ein ausserirdisches Raumschiff oder eine Roboter-Sonde sind versehentlich explodiert, als sie die Erde untersuchten. Um zwischen den Sternen reisen zu können, sollten solche Raumschiff über ein sehr leistungsfähiges Antriebssystem und genügend Menge an energiereichen Brennstoffen verfügen, die in der Lage sind, nicht nur das Raumschiff, sondern auch große Teil des Lebens auf dem besuchten Planeten zu zerstören und dabei einen riesigen Krater nach der großen Explosion zu hinterlassen.

Brice N. Cassenti, außerordentlicher Professor der Abteilung *Engineering and Science* am Rensselaer Polytechnic Institute, vermittelt ein sehr gutes Beispiel für die immense Menge an Energie, die ein Raumschiff braucht, um zum nächsten Sternensystem reisen.

Ihm zufolge würde es zumindest die augenblickliche Energieleistung der gesamten heutigen Welt ausmachen, um eine Sonde zu Alpha Centauri zu schicken, dem, der Erde nächstgelegenen Sternsystem, in einer Entfernung von 4,37 Lichtjahren zu der Sonne. Er sagt, dies würde in etwa 100-mal so viel betragen. Cassenti erklärt: "Wir können nicht einfach die Ressourcen von der Erde extrahieren. Sie existieren einfach nicht. Wir müssten die äußeren Planeten abbauen."

Keiner kann sich die Folgen einer Explosion einer Raumsonde vorstellen, die in der Lage ist, zwischen den Sternen zu reisen.

52. Von Zeitreisenden erjagt.

Dinosaurier wurden von Zeitreisenden (Menschen oder Aliens) zum Spaß oder aus anderen Gründen erjagt.

Eine Variation dieser Theorie besagt, dass Zeitreisende aus der fernen Zukunft die Dinosaurier vernichtet haben, durch Explosion einer Supernova, durch das Senden eines riesigen Killer-Kometen oder, indem sie längere Vulkanausbrüche verursacht haben, usw., um die menschliche Evolution zu beschleunigen. Zu dem gleichen Zweck haben sie viele andere Veränderungen in der biologischen Entwicklung der Arten auf der Erde vorgenommen, und sie haben unsere Welt immer noch unter ihrer Kontrolle.

Sie sind auch Hüter der Vergangenheit und schützen auf diese Art ihre Gegenwart und Zukunft.

53. Konkurrenz zwischen vogelartigen und nichtvogelarigen Dinosauriern.

Es gab einen harten Wettkampf zwischen den vogelartigen und den nichtvogelartigen Dinosauriern. Die vogelartigen waren schlauere

Warmblüter und rotteten ihre Feinde am Ende der Kreidezeit aus, indem sie deren Eier zerbrachen.

54. Besuchende Roboter.

Die Erde wird periodisch von Berserkern besucht (Killer-Roboter), welche die Planeten von Lebewesen reinigen, die sich an der Schwelle zur Intelligenz befinden, um diese für die zukünftige Besiedlung durch ihre Meister freizuhalten.

55. Gewaltiger, weltweiter Methan-Feuersturm.

Die Dinosaurier sind aufgrund von Methangas in einem globalen Feuersturm ausgestorben, der von einem Asteroideneinschlag ausgelöst und durch Blitze entzündet wurde. Der Meeresgeologe Erwin Suess und seine Mitarbeiter aus dem Forschungszentrum für marine Geowissenschaften (GEOMAR) in Deutschland schätzten, dass die, in diesen Ablagerungen eingeschlossene Gesamtmenge an Kohlenstoff die Menge aus allen bekannten Kohle-, Öl- und Gasvorkommen übersteigt. Der Impakt schüttelte den Ozean auf und erzeugte Tsunamis, wobei die Methan-Reservoirs, die unter Gashydraten gefangen waren, aufgebrochen wurden. Das Feuer könnte die Landtiere verbrannt haben, während die Sauerstoffversorgung abgenommen und die Menge an Kohlendioxid in der Atmosphäre zugenommen hatte.

Der Impakt könnte Millionen Tonnen von Gestein in einen ballistischen Weltraumflug ausgestoßen haben. In den folgenden Stunden könnten diese Trümmer erneut mit hoher Geschwindigkeit in die Atmosphäre der Erde eingetreten sein und Millionen von "Sternschnuppen" hevorgerufen haben. Die Strahlungswärme aus diesen Meteoriten könnte ausgereicht haben, um die Bäume auf der ganzen Welt zu entzünden.

Ein Beweis für die weltweiten Flächendbrände in der Zeit des Chicxulub-Einschlags ist der Iridium-tragende Ton in der Grenzschicht vom Ende der Kreidezeit, der große Mengen an Ruß enthält.

Es überlebten nur Tiere, die im Untergrund eingegraben waren oder durch Sümpfe oder Ozeane vor den Flächenbränden geschützt waren. Alle ungeschützten Kreaturen wurden zu Tode gebacken.

56. Außerirdische nomadische Rassen.

Stephen Hawking zufolge wurden die außerirdischen nach dem Verbrauch der natürlichen Ressourcen ihrer eigenen Welt Nomaden: "Solche fortschrittlichen Aliens würden vielleicht Nomaden werden, indem sie versuchen jeden beliebigen

Planeten den sie erreichen könnten zu erobern und zu kolonisieren. Wenn das so ist, macht es Sinn für sie, jeden neuen Planeten für Material zu nutzen, um mehr Raumschiffe zu bauen, damit sie sich fortbewegen können. Wer weiß, wo die Grenzen liegen?"

Jetzt wissen wir, dass außerirdische, nomadische Völker in riesigen Raumschiffen umherstreifen. Sie sind hungrig und gemein. Wenn sie einen Planeten wie die Erde erreichen, fressen sie fast alle Lebensformen auf, so dass hinter ihnen große Knochenhaufen übrig bleiben. Einer ihrer letzten, großen Besuche auf der Erde war vor 66 Millionen Jahren. Nach ihrem Fest, gabe es keine Dinosaurier mehr, nur Berge von Knochen und der war Boden verschmutzt mit außerirdischem Iridium aus ihren Raumschiffen und Arsen, da sie in ihren Holzkohlegrills gerne arsenreiche Kohle verbrannten. Die Außerirdischen kochten auch das Fleisch über riesigen Lagerfeuern. Keine Tierarten mit einem Gewicht von mehr als 25 Kilogramm hatten überlebt. Jetzt graben Wissenschaftler große Mengen an Ruß, Asche, geschmolzenem Sand, Schlacke, Klinker und Holzkohle aus, alles Beweise für die Festbrände der Aliens. Dieses unglückliche Ereignis wird oft als Massenextinktion an der Kreide-Tertiärgrenze bezeichnet. Es gab auch andere, derartige Besuche von Außerirdischen, welche fälschlicherweise für natürliche Ausrottungen gehalten wurden. Hüten Sie sich vor den Außerirdischen! Ihr traditionelles Festival, „Tafeln auf die Andere Art" nähert sich wieder.

57. Globaler High-tech Unfall oder Krieg.

Die große Massenausrottung der Kreidezeit war keine natürliche Katastrophe. Sie könnte von einer außerirdischen Weltraum-Rasse oder durch hochentwickelte Dinosaurerarten hervorgerufen worden sein.

Das Leben auf der Erde, sowohl in der Vergangenheit als auch heute, ist ständig davon bedroht vernichtet zu werden, durch eine Folge von Gefahren die in nahegelegenen, außerirdische Planeten oder in Raumschiffe eintreten können, wie ein globaler Krieg zwischen hochentwickelte Zivilisationen unter Einsatz von hoch leistungsfähigen Waffen, High-tech Industrie und Laborunfällen, Terrorismus, nanotechnologische Katastrophen, gefährliche wissenschaftliche Experimente, usw.

Der Unfall war so gewaltig, dass er das Leben und die Intelligenz in der Galaxie vollkommen oder teilweise vernichtet hatte.

Dies ist auch eine Antwort zum Fermi-Paradoxon. Es gab viele Zivilisationen in der Galaxie der Milchstraße, aber in dieser nahegelegenen Region oder in der gesamten Galaxie wurden sie vor 66 Millionen Jahre vernichtet.

58. Ein schrumpfendes Gehirn.

Raymond veröffentlichte im Jahr 1939 seine Theorie, dass sich die Gehirne der Dinosaurier nach und nach verkleinert hatten und sie aus Dummheit gestorben sind und aufgrund der Unfähigkeit die Veränderung der Umwelt zu bewältigen.

59. Schlechtes Karma.

60. Die Dinosaurier wurden mit Zyanid vergiftet.

Ein vorbeiziehender Komet vergiftete die Atmosphäre und die Oberfläche der Erde mit Chemikalien, vielleicht mit großen Mengen an Zyanid, und die meisten Arten starben aus.

Im Jahr 1910 war eine, der im Schweif des Kometen Halley durch spektroskopische Analyse entdeckten Substanzen das Giftgas Cyan, das auch unter dem Namen Blausäure bekannt ist. Der Astronom Camille Flammarion behauptete, dass, wenn die Erde am Schweif vorbeizieht, das Gas "die Atmosphäre imprägnieren würde und dabei möglicherweise alles Leben auf dem Planeten auslöschen könnte."

Andere Astronomen berechneten auch, dass unser Planet den Schweif des Kometen direkt passieren würde. Viele Menschen wurden beunruhigt, aus Angst, dass das Gas jedes lebende Wesen töten könnte. Die in Panik versetzte Bürgerschaft kaufte Gasmasken, Anti-Kometen-Pillen und Anti-Kometen-Schirme.

In den Vereinigten Staaten wurden Flugblätter gedruckt, mit Hinweis: "Warnung an die Bewohner der Stadt: Schließen Sie Ihre Fenster und bleiben Sie im Haus, da die Erde bald am Schweif des schrecklichen Kometen vorbeiziehen wird und seine giftigen Gase den Himmel füllen werden!"

Manche Leute befürchten, dass der Schweif des Kometen die tödliche Influenza mit sich bringen würde und, dass er Erdbeben hervorrufen könnte.

Drei Jahre später, veröffentlichte Sir Arthur Conan Doyle seinen Roman *Im Giftstrom* über eine Gruppe von Forschern, denen es gelungen ist zu überleben, während der Rest der Menschheit ums Leben gekommen war, als die Erde einen tödlichen Bereich im Weltraum passierte.

Professor Challenger sandte kryptische Telegramme an Edward Malone, Lord John Roxton, und Professor Summerlee, dass sie in sein Haus außerhalb von London kommen sollten, und er beauftragte sie Sauerstofftanks mitzubringen. Die Gruppe wurde in ein verschlossenes Zimmer geführt. Challenger hatte vorhergesagt, dass die Erde in eine Zone von giftigem Äther eintreten würde, was das Ende der Menschheit bedeutete.

Als schließlich die letzte der Sauerstoffflaschen leer wurde, öffneten sie ein Fenster, mit der Bereitschaft, sich dem Tod zu stellen. Sie wanderten durch die tote Landschaft, um schließlich nach London zu gelangen. Alle Menschen waren tot. Sie stießen auf nur einen Überlebenden, eine ältere, bettlägerige Frau der, aus gesundheitlichen Gründen Sauerstoff verschrieben worden war.

Zyanid ist ein häufiger Bestandteil von Kometenkernen und einige von ihnen können Millionen Tonnen von diesem tödlichen Zeug enthalten. Die Raumsonde Deep Impact beobachtete riesige Jets von Zyanidgas bei dem kleinen Kometen Hartley 2 (Durchmesser 1,2 bis 1,6 km), der innerhalb von zwei Wochen mehrere Millionen Tonnen Zyanid ausgehustet hatte.

Das Wissenschaftsteam war von dem massiven Anstieg von Cyanogen schockiert, und von der Größe und Reinheit des Ausbruchs.

61. Die Dinosaurier wurden schwul.

Aufgrund der wachsenden Überbevölkerung, wurde ein natürlicher Mechanismus zur Geburtenkontrolle ausgelöst, wobei immer mehr Dinosaurier homosexuell wurden. Männchen hatten ihr Vergnügen mit Männchen, Weibchen mit Weibchen. Aber dieser natürliche Mechanismus zur Geburtenkontrolle war zu erfolgreich und die Dinosaurier starben aus.

62. Zu groß.

Die Dinosaurier, eine dominante Spezies, wurden so groß, dass sie sich nicht mehr in der Lage waren, sich fortzubewegen, um Nahrung und Wasser zu finden oder, um auf normale Art und Weise zu kopulieren, und so starben sie aus.

63. Die Säugetiere überholten die Dinosaurier.

Die Dinosaurier konnten einfach nicht mit den sich entwickelnden Säugetieren konkurrieren. Die Zahl der Säugetiere wurde so groß, dass sie große Mengen an Nahrungsmitteln aufbrauchten, so dass so gut wie nichts für die Dinosaurier übrig blieb. Sie verzehrten auch Dinosaurier-Eier und Dinosaurier Babys.

Dinosaurier wurden auch Opfer von Infektionskrankheiten, die von der explosionsartig wachsenden Zahl an Säugetieren auf sie übertragen wurden. Einige der Krankheiten waren neu für die Dinosaurier und sie hatten wenig oder kei-

ne natürliche oder erworbene Widerstandsfähig-
keit gegen diese Krankheiten.

Es gab einen Krieg zwischen Säugetieren
und Dinosauriern. Die meisten Arten gegen die
Dinosauria. Die Dinosaurier haben den Krieg verloren. Nur vogelartige Dinosaurier überlebten,
weil sie fliegen konnten. Der Krieg war nicht nur
auf dem Land, sondern auch in dem Wasser der
Meere und Ozeane. Nach dem Untergang der Dinosaurier wurden einige Landsäugetiere, darunter
Wale und Delfine, zu Meerestieren und eroberten
auch die Ozeane.

64. Genetische Störungen.

Bei den Dinosauriern häuften sich allmählich genetische Störungen und ungünstige Mutationen an, die sie schließlich zum Aussterben brach-
ten.

65. Tödliche Verstopfung.

E. Baldwin zufolge, waren die abführenden
Pflanzen aus dem Ernährungsplan der Dinosaurier verschwunden, und sie sind an Verstopfung
gestorben. Natürliche Abführmittel umfassen in
der Regel alle Nahrungssmittel, die einen hohen
Gehalt an Ballaststoffen oder Wasser haben, wie
z.B. Vollkornprodukte und Obst.

66. Tödliche Insekten.

Laut George Poinar, Professor für Zoologie an der Oregon State University, war das Auftreten von stechenden, Parasiten und Krankheiten übertragenden Insekten für das Aussterben der Dinosaurier verantwortlich. Den Nachweis dafür erbrachten in Bernstein konservierte Insekten.

Poinar und seine Frau untersuchten auch versteinerten Dinosauriermist. Sie fanden Nematoden, Trematoden und Protozoen, die bei den Tieren die Ruhr hervorgerufen haben könnten. Die Dinosaurier haben wahrscheinlich nur eine geringe Widerstandskraft gegen diese neuen Krankheiten gehabt. Die Insekten haben wahrscheinlich diese Parasiten von den Misthaufen auf die Nahrung der Dinosaurier übertragen.

67. Hyperorkane.

In dem Artikel *"Hypercanes: A possible link in global extinction scenarios"*, legten der Klimaforscher Kerry Emanuel und seine Mitarbeiter vom Massachusetts Institute of Technology nahe, dass Superstürme, die er als "Hypercanes" bezeichnet, riesige Mengen an Wasserdampf und Aerosole in die Stratosphäre hinauf werfen könnten, was zu einer Änderung des globalen Klimas und zu einer Zerstörung der Ozonschicht führen kann.

Hypercanes können auftreten, wenn das Meewasser auf lokaler Ebene durch den Impakt eines Boliden oder durch Vulkanismus erhitzt wird.

Der starke Aufwind könnte bis zu 20 Meilen in die Atmosphäre aufsteigen und die Troposphäre durchstechen.

Die Super-Winde würden die Wälder flach legen und alles Mögliche herumwerfen und damit fast jedes Lebewesen, das im Weg steht töten. Der Wasserdampf und die Aerosole könnten über viele Jahre hoch in der Atmosphäre bleiben, und das Klima, sowie die schützende Ozonschicht zerstören.

Ein einziger Asteroid kann die KP-Massenausrottung nicht hervorrufen. Emanuel und sein Team hatten die Theorie aufgestellt, dass von einem Asteroiden ausgelöste Hyperorkane die KP-Ausrottung verursacht haben könnten.

Es ist auch vorhergesagt worden, dass der Asteroiden-Einschlag zahlreiche Hyperorkane auf der ganzen Welt hervorgerufen hat die meisten der Arten am Ende der Kreidezeit eliminiert wurden.

68. Lebende Dinosaurier.

Zuallererst haben die vogelartigen Dinosaurier überlebt.

Zweitens haben die Wissenschaftler Knochen von Dinosauriern nach der KP-Ausrottung gefunden.

Kreationisten und Kryptozoologen behaupten, dass einige archäologische Artefakte, alte Schriften und alte Folklore die Idee stützen, dass Mensch und Dinosaurier zusammen gelebt haben, und dass eine begrenzte Anzahl von Dinosauriern immer noch in abgelegenen Orten leben, in einer Art verlorenen Welt a la Arthur Conan Doyle.

Es wird behauptet, dass Mokele-Mbembe, was in der Lingala Sprache so viel bedeutet wie, "einer, der die Strömung der Flüsse aufhält", die legendäre im Wasser lebende Kreatur des Kongo Flusses, nichts anderes ist als ein überlebender Sauropode. Roy Mackal, ein pensionierter Biologe der Universität von Chicago, hat zwei Expeditionen auf der Suche nach Mokele-Mbembe geleitet. Er glaubt, dass die Kreatur ein kleiner sauropoder Dinosaurier ist.

Es gibt auch andere Tiere in abgelegenen Orten, die lebende Reste der Welt des Mesozoikums sein könnten. Es gibt Hunderte von Seen auf der ganzen Welt, die renommierte Monster beherbergen. Die Berichte über See- und Meeresungeheuer könnten als Plesiosaurier oder Fischsaurier "erklärt" werden.

69. Superchrone.

Eine geomagnetische Umkehrung ist eine Änderung in dem Magnetfeld der Erde, so dass die Positionen des magnetischen Nord- und Südpols vertauscht werden. Das Magnetfeld alterniert Perioden normaler Polarität, in denen die Richtung des Feldes mit der gegenwärtigen Richtung übereinstimmt mit denen umgekehrter Polarität, in dem die Richtung des Felds entgegengesetzt ist. Diese Perioden werden Chrons genannt.

Die Zeitspannen der Chrons liegen normalerweise zwischen 100.000 Jahren und 1 Million Jahren.

Ein Superchron ist ein Polaritätsintervall von mehr als 10 Millionen Jahren. Die Normal-Periode der Kreidezeit, auch Kreidezeit-Superchron genannt (engl. Cretaceous Normal Superchron), dauerte fast 40 Millionen Jahre. Abrupte Beendigungen der Superchrons überschneiden sich in der Regel mit den großen Massenausrottungen.

Vincent Courtillot und Peter Olson legten in ihrem Artikel *"Mantle plumes link magnetic superchrons to Phanerozoic mass depletion event"* nahe, dass die thermischen Instabilitäten in den Schichten des Mantels den Wärmestrom im Kern erhöhten und das magnetische Superchron und erzeugten tiefe Mantelplumes.

"Die Plumes steigen durch den Mantel auf einer Zeitskala von 20 Millionen Jahren und haben Ausbrücke von kontinentalem Flutbasalt (Trap), schnelle Klimawechsel, und eine massive Verminderung der Fauna."

Im Jahr 2010 brachte Sheldon Breiner die Idee ein, dass die Organismen die Orientierung nach dem Magnetfeld auf natürliche Weise, als einer ihrer fundamentalen Sinne inkorporieren, was ihnen einen evolutionären Wettbewerbsvorteil gewährt. Eine Organelle reagiert auf das Magnetfeld der Erde für Orts-und Fern Navigation, Orientierung und Homing. Der Begriff Magnetotaxis beschreibt die Fähigkeit, ein Magnetfeld zu fühlen und die Bewegung in Reaktion darauf zu koordinierten. Über solche Systeme wurde bei vielen Lebensformen berichtet.

Breiner schrieb, dass "die magnetischen Feldumkehrungen diesen Sinn beeinträchtigen würden, was zu einem tiefgreifenden Verlust des Gleichgewicht führen würde, sowie ihrer Fähigkeit zu navigieren, sich zu verbreiten und Nahrung zu finden, und dieser Stand der Dinge würde ihnen zum Verhängnis werden. Je abhängiger sie von ihrer Magnetotaxis sind, desto wahrscheinlicher ist es, dass sie nicht überleben."

70. Nickelvergiftung.

Nach Angaben des Astrophysikers Thomas Wdowiak, hatte Nickel von einem verdampften Asteroiden die Pflanzen an Land und im Wasser vergiftet.

Wdowiak nennt seine Theorie der Nickel-gnadenstoß.

Ein vergleichsweise kleiner Asteroid vom M-Typ mit einem mittleren Durchmesser von 1 km (0,62 Meilen) könnte mehr als zwei Milliarden Tonnen Eisen-Nickel-Erz enthalten, was dem Zwei- bis Dreifachen der Weltjahresproduktion entspricht. Vom Asteroiden 16 Psyche wird angenommen, dass er $1,7 \times 10^{19}$ kg Nickel-Eisen enthält, was den Bedarf der Weltproduktion für mehrere Millionen Jahre bereitstellen könnte.

Der nickelhaltige Asteroid, der die Dinosaurier ausgelöscht hat, könnte einen Durchmesser von ca. 10 Kilometer gehabt haben. Verteilt auf die Erdoberfläche würde dies 3 Kilogramm pro Quadratmeter betragen, was einer Schicht einer Dicke von wenigen Millimetern entspricht. Dieser Fallout würde 130-1300 ppm Nickel enthalten. Die normale Nickelkonzentration in den Böden beträgt 15 ppm; 40 ppm (Teilchen pro Million) ist giftig.

Es gibt eine Reihe von Möglichkeiten, über die ein Tier dem Nickel ausgesetzt werden kann:

der Verzehr von Nickel-kontaminierter Nahrung, im Trinkwasser enthaltener Nickel, durch das Einatmen und über die Haut.

Nickel von einem verdampften Asteroiden hat die Pflanzen vergiftet, von denen die Dinosaurier sich ernährten. Der, von einem Boliden in die Atmosphäre eingespeiste Ruß und Schmutz enthält eine Menge Nickel, der sich in Wasser löst und sehr giftig für Pflanzen und Tiere auf dem Land und in den Gewässern der Ozeane, Meere und Flüsse ist.

Die Masse der Vegetation wurde stark reduziert, da Nickel in den Pflanzen die Photosynthese unterbindet.

Die Symptome einer Nickelvergiftung sind folgende: Kopfschmerzen, Übelkeit, Erbrechen, Schwindel, Reizbarkeit, usw.

Wenn sich die Nickelvergiftung verschlechtert, entwickeln sich Pneumonie-ähnliche Symptome als Folge von Nickel, der sich in der Lunge abgesetzt hat. An diesem Punkt, ist es unerlässlich, so schnell wie möglich einen Arzt aufzusuchen, um das Leben nicht aufs Spiel zu setzen. Es gibt keine Beweise dafür, dass Dinosaurier ein Gesundheitssystem hatten oder sogar Medizinmänner mit Doktorgrad. Und so starben sie aus.

71. Super heiße Sonne.

Das Sonnensystem, welches das Zentrum der Milchstraße umkreist, passiert manchmal ungewöhnlich dicke Wolken von galaktischem Staub. Die großen Mengen an Staub, die in die Sonne hineinfallen, bewirken dass diese heller leuchtet. Die erhöhte Menge an Sonnenstrahlung erhöht die Temperatur, wodurch globale Erwärmung und Hautkrebs hervorgerufen werden. Große Tiere wie die Dinosaurier waren anfälliger für die Exposition gegenüber der erhöhten Sonnenstrahlung.

72. Krieg zwischen dem Satan und Gott.

Als Gott die Welt geschaffen hat, war dies die Zeit der Dinosaurier. Es war ein Kampf zwischen den treuen Engeln Gottes und Luzifer und seinen rebellischen Engeln, die später als Dämonen bezeichnet wurden. In der Beschreibung des Satans lässt sich sehr leicht eine Art Dinosaurier erkennen. Die Befürworter der Dinosaurier im Himmel haben den Krieg verloren.

73. Vereisung.

Es gab fünf große Massenausrottungen und zahlreiche kleinere, die immer wieder große Teile der Arten auf unserem Planeten zerstören. Eine Theorie legt nahe, dass der Milanković-Zyklus der wahre Schuldige ist, der das Klima zu heiß oder zu kalt werden lässt.

Milutin Milanković stellte mathematisch die Theorie auf, dass Variationen in der Exzentrizität, Achsenneigung und Präzession der Umlaufbahn der Erde die klimatischen Muster auf unserem Planeten festlegen.

Die Variationen in diesen drei Zyklen ändern die, auf die Erdoberfläche treffende Sonnenstrahlung. Diese Zeiten einer erhöhten oder verringerten Sonnenstrahlung beeinflussen das Klimasystem der Erde direkt. In einigen Fällen wird das Klima infolge von Veränderungen in diesen drei Zyklen extrem und große Teile der Oberfläche des Planeten werden, geologisch gesehen, sehr schnell mit Packeis bedeckt. Die Tiere der Kreidezeit hatten sich an das gleichbleibende Treibhausklima gewöhnt und sogar kurze Zeiten der Vereisung hatten sich für die meisten Arten als verhängnisvoll erwiesen, vor allem für die großen.

74. Die Dinosaurier waren nur Kinderspielzeug des sich entwickelnden Geistes.

Michael Corey, Autor und christlicher Philosoph, war als Anwalt der Deistischen Evolution wohl bekannt. In seinem Buch *Evolution and the Problem of Natural Evil*, schreibt er, "Jetzt sind wir in der Lage zu verstehen, warum ein allmächtiger Gottheit sich entschieden haben könnte, das Universum in einer allmählichen, evolutionären Art und Weise zu erschaffen, anstatt sofort durch göttliche Ermächtigung. Er tat dies vermutlich, um den menschlichen Wachstumsprozess so weit wie möglich zu erleichtern; aber um dies zu tun, scheint er gezwungen gewesen zu sein, die gleichen evolutionären Prozesse in der natürlichen Welt umzusetzen, die ein wesentlicher Teil der menschlichen Definition zu sein scheinen."

Die Schaffung und Ausrottung der Arten ist nur in der Sicht der menschlichen Entwicklung signifikant. Spielt die Spezies Mensch für Gott wirklich eine Rolle? Eine Umgebung mit unzähligen Geburten und Todesfällen von Arten und Individuen ist nur ein Spielplatz für den sich entwickelnden Geist. Die Menschheit ist einer der Behälter für den ewigen göttlichen Geist (was auch immer es ist). Unzählige außerirdische Zivilisationen in des gesamten Universums tragen ebenfalls den sich entwickenden göttlichen Geist.

Die Dinosaurier waren nur Kinderspielzeug des sich entwickelnden Geistes.

75. Kein Sex.

Dinosaurier entwickelten eine ausgeklügelte Zivilisation. Wenn intelligente Spezies und Gesellschaften zu hoch entwickelt sind, fangen sie an, ihr Interesse an Sex und anderen Praktiken im Sinne der Fortpflanzung zu verlieren. Nur primitive Wesen pflanzen sich in großen Mengen fort. Und raten Sie mal, was passiert ist? Sie sind ausgestorben.

76. Zu hochtechnologisch.

Dinosaurier entwickelten eine sehr hoch entwickelte Zivilisation. Sie kümmerte sich sehr um die Natur und alles war biologisch abbaubar, auch die Dienstroboter, Fabriken, Fahrzeuge, usw. Aufgrund eines Softwarefehlers hörten die Roboter auf, ihren Meistern zu dienen, die sehr hoch entwickelt waren und absolut nicht daran gewöhnt waren zu arbeiten, und sie sind einfach an Hunger und Durst gestorben. Die biologisch abbaubaren Maschinen wurden einfach biologisch abgebaut und jetzt finden wir nur Knochen und keine technologischen Artefakte.

77. Interrassischer Krieg.

Die fortschrittlichste Dinosaurierrasse rottete in einem Akt der ultimativen Zivilisierung die restlichen Dinosaurier aus. Was mit dieser fortgeschrittlichen Dinosaurer-Gesellschaft geschehen ist, wissen wir nicht. Vielleicht haben sie die Erde verlassen oder sie sind ebenfalls ausgestorben.

Das einzige, was von ihnen übrig geblieben ist, sind ihre Knochen, da technologische Artefakte 66 Millionen Jahre nicht überstehen können.

78. Das Universum ist anthropisch.

Das Universum ist von Natur aus anthropisch, menschenfreundlich, und alle nicht anthropischen Arten, die kurz vor der Entwicklung einer Zivilisation stehen, werden in regelmäßigen Abständen beseitigt, um den intelligenten Wesen der anthropischen Art den Weg frei zu halten.

79. Entführung durch Außerirdischen Wesen.

Ein Großteil der Dinosaurer wurde aus einem noch unbekannten Grund (Arbeitskraft, Unterhaltung, exotische Diener, Fortpflanzung, Teile von Weltraumkörpern, biologische Forschung und Experimente, usw.) von außerirdischen Wesen entführt. Die Rest ist aus Stress gestorben. Ist dies die Zukunft der menschlichen Zivilisation?

80. Überhitzung.

Tiere mit großen Körpern haben während der Hitzeperioden Probleme mit der Abgabe der Körperwärme. Selbst eine vorübergehende Überhitzung kann sie vernichten. Am Ende der Kreidezeit stiegen die Temperaturen wegen eines katastrophalen Ereignisses oder eines kurzzeitigen natürlichen Klimawandels und alle großen Tiere sind ausgestorben.

81. Epidemische Krankheiten.

Dr. Robert T. Bakker legte in seinem Buch *The Dinosaur Heresies* nahe, dass die Dinosaurier sehr wahrscheinlich von epidemischen Krankheiten ausgelöscht worden sind. Die Ausrottungsperiode begann mit Absenkung der Meeresspiegel am Ende der Kreidezeit. Zuvor bedeckten die Ozeane der Kreidezeit etwa 90% der Landoberfläche und bildeten große, flache Meere. Als diese abgeflossen sind, bildeten sich Landbrücken zwischen ehemals isolierten Kontinenten und die Tiere wanderten weitgehend ab. Jede Tierpopulation trug seine eigenen Parasiten und Krankheiten mit sich, und wenn sie sich vermischten, tauschten sie auch ihre Parasiten und Krankheiten miteinander aus, aber die meisten von ihnen verfügten immer noch nicht über einen angemessenen Schutz gegenüber den neuen Viren, parasitären Würmern, Bakterien, usw. Kleinere Tiere überlebten, weil sie keine derart langen Wanderungen machen konnten. Die meisten der marinen Arten starben aus, weil die flachen Meere ausgetrocknet sind.

Dr. Robert T. Bakker sagte: "Es war kein Asteroid oder Komet, denn er hätte alles vernichtet. Ich möchte eher auf Krankheiten hindeuten. Wenn große Tiere sich verbreiten und vermischen erfolgen Ausrottungen. Sie können dies an den Elefanten sehen. Ein Forscher hatte festgestellt, dass afrikanische und indische Elefanten sich gegenseitig krank machen. Wenn ein neues Tier oder eine Pflanze in einen Lebensraum eingeführt werden, ereignen sich schlimme Dinge. Die fremde Tierwelt stellt für die einheimische Tierwelt die größte Gefahr dar." Dieses Interview ist ursprünglich im Jahr 1999 in der Zeitschrift *Dinosaur World Magazine* erschienen.

82. Sie leben nun unter Verhüllung.

Die meisten der Dinosaurier sind nicht ausgestorben. Sie sind nur mutiert und jetzt betrachten die Wissenschaftler sie zu Unrecht als Nichtdinosaurier.

83. Knochenfehlbildung.

Die hohen Temperaturen am Ende der Kreidezeit führten zu massiven Skelettanomalien. Hyperthermie während der Schwangerschaft kann Missbildungen des Fötus hervorrufen. Fehlbildungen sind in der Regel komplex und werden mit der Zeit zunehmend schlechter. Die verkrüppelten Dinosuria konnten sich nicht normal ernähren und fortpflanzen. Sie verloren den Wettbewerb mit den Säugetieren und wurden ausgerottet.

84. Erstickung von Dinosaurier-Embryonen.

Zu hohe Kohlendioxid-Konzentrationen in der Atmosphäre am Ende der Kreidezeit führten zur Erstickung von Dinosaurier-Embryonen in den Eiern.

Während der normalen Atmung müssen Eier Kohlendioxid in die Atmosphäre ausatmen. Im Jahr 1978 legte Oelofsen nahe, dass große Dinosaurier-Eier an ihrem Oberfläche-zu-Volumen-Verhältnis zu leiden hatten und der erhöhte embryonale Bedarf hemmte die Diffusion von Kohlendioxid aus dem Ei, und Dinosaurier-Embryonen wurden massiv aausgerottet.

85. Dummheit.

Dinosaurier bekamen sehr leicht Verwirrung und geistige Beeinträchtigungen aufgrund der winzigen Größe der Gehirne der Dinosaurier in Bezug auf deren Körper. Selbst kleinste äußere Störungen wie Änderungen in der Ernährung aufgrund neuer Pflanzen, ionisierende Strahlung, Mutationen usw. machten sie noch dümmer, als sie normalerweise schon waren. Man kann von einer riesigen alten Kuh mit einem winzigen Gehirn im Vergleich zu ihrem riesigen Körper nicht erwarten, dass sie intelligent ist. Die klügsten unter ihnen waren vielleicht so klug wie moderne Schweine, die als so etwas wie denkende Panzer auf vier Beinen angesehen werden. Aber 99% der Dinosaurier waren wirklich dumm.

Forscher glauben, dass Fleischfresser intelligenter sind als Pflanzenfresser, weil es viel schwieriger ist, eine laufende Beute zu fangen. Sie mussten die, um ihr Leben kämpfende Beute verfolgen, jagen, fangen, und töten. In den meisten Fällen sind Fleischfresser kleiner als ihre Beute. Sie sollten in der Lage sein, einen Angriff in einem Rudel zu organisieren, um eine große Beute zu Fall zu bringen.

Pflanzennahrung neigt nicht wirklich dazu, zu versuchen, von den Pflanzenfressern mit einer gewissen schlauen Technik zu entkommen oder sich zu wehren: Die laufen nur ganz ruhig herum und kauen so viel Gras und Blätter, wie nur möglich. Dazu wird keine Intelligenz benötigt.

Am Ende der Kreidezeit, erfuhr die Umwelt in sehr kurzer Zeit einen starken Wandel: neue Pflanzenarten, neue Insekten, neue Krankheiten, die flachen Gewässern verschwanden, das Klima veränderte sich, Jahreszeiten erschienen, usw., und die Dinosaurier waren nicht intelligent genug, um mit den Veränderungen und der Konkurrenz mit den Säugetieren fertig zu werden. Und sie mussten von der Weltbühne gehen; nur die fliegenden sind geblieben, da sich, um fliegen zu können, deren Gehirne ein bisschen mehr entwickelt haben.

86. Entropie.

Entropie, Müdigkeit und Energieverlust haben zugenommen. Das Ergebnis war weniger Ordnung, was zur Ausmerzung von größeren, organisierten Lebensformen führte.

Entropie ist die Energie, die für die Arbeit nicht zur Verfügung steht. Zum Beispiel bewegt sich die Wärmeenergie immer vom Bereich der hohen Temperatur zum Bereich der niedrigen Temperatur und dabei geht Energie verloren.

Die Entropie eines Systems ist proportional zu der Ordnung des Systems, was bedeutet, dass wenn die Entropie des Systems zunimmt, die Ordnung des Systems abnimmt.

Da die größeren Organismen strukturierter sind als kleinere Organismen, hat die Zunahme der Entropie auf die größeren Arten grössere Auswirkungen. Weil die Dinosaurier groß waren und ein besser organisiertes Leben führten, waren sie von dem Rückgang der Ordnung betroffen und konnten letztlich nicht überleben.

87. Kein Anreiz zum Atmen.

Obwohl Tiere den Sauerstoff im Körper brauchen, setzt sich viel von dem, was sie einatmen aus verschiedenen Gasen, einschließlich Kohlendioxid zusammen. Der primäre Reiz für die Atmung ist Kohlendioxid im Blut. Der Anstieg von Kohlendioxid im Blut treibt die Notwendigkeit zu atmen an. Es gibt jedoch auch andere Faktoren, die dazu beitragen, wie z.B. eine Abnahme der Sauerstoffkonzentration.

Laut Wieland, 1942, erhöhte sich am Ende der Kreidezeit aufgrund des umfangreichen Pflanzenwachstums der Sauerstoffspiegel und die Kohlendioxidkonzentration nahm ab. Niedrige Konzentrationen von Kohlendioxid hatten den warmblütigen Dinosauriern den "Atemreiz" genommen und sie hörten auf zu atmen.

88. Blindheit durch grauen Star.

Ein Grauer Star ist eine Trübung der Linse im Inneren des Auges, die zu einer Abnahme des Sehvermögens führt.

Die Dinosaurier verbrachten zu viel Zeit in der Sonne und setzten sich dabei dem harten UV-Licht aus und bekamen Katarakte. Weil sie dann nicht sehr gut sehen konnten, waren sie nicht in der Lage, genug Nahrung zu finden, oder sie sind einfach über die Felsen gefallen und ausgestorben.

Im Jahr 1982, legte der Augenarzt L.R. Croft in seinem Buch *Last Dinosaurs: New Look at the Extinction of the Dinosaurs* nahe, dass das schlechte Augenlicht den Dinosauriern den Rest gegeben hat. Da die Einwirkung von Hitze und starkem Licht bewirken kann, dass sich sehr schnell Katarakte bilden, entwickelten die Dinosaurier seltsame Hörner oder Kämme, um ihre Augen vor der unerbittlichen Sonne des Mesozoikums zu schützen, aber diese Versuche, die Augen der Dinosaurier zu abschatten, ist gescheitert und die Kreaturen wurden blind.

Als die Dinosaurier tagsüber blind waren, überlebten die nachtaktiven Tiere, einschließlich der Säugetiere und lösten die Dinosaurier ab.

89. Die Dinosaurier fraßen sich selbst bis zur Ausrottung.

Die Paläontologen Charles Immanuel Forsyth Major und Edward Drinker Cope spekulierten, dass die Säugetiere die Nester der Dinosaurier so häufig ausgeplündert haben, dass die Dinosaurier sich nicht fortpflanzen konnten.

Im Jahr 1925 veröffentlichte der Paläontologe der Yale University, George Wieland, eine Arbeit mit dem Titel *"Dinosaur Extinction"*, in der er erklärte, dass die kleinen Säugetiere der Kreidezeit

zu schwach waren, um die harten Eier der Dinosaurier aufzubrechen.

Wieland schrieb: "Die starken Esser von
Dinosaurier-Eiern und Jungtieren müssen unter
den Dinosauriern selbst, und vielleicht unter den
frühesten Varaniden und Riesenschlangen (Boa-
Schlangen) gesucht werden."

Laut Wieland, muss das Eier-Essen im Mesozoikum eine normale Praxis gewesen sein und
die auf Eiern basierte Ernährung hat sogar zur
Entwicklung von einigen der größten fleischfressenden Dinosaurier geführt. Selbst die Obhut der
Dinosaurier-Mütter vermochte den nahezu konstanten Diebstahl von Eiern, durch die hungrigen
Raubtiere nicht zu stoppen.

Die räuberischen Dinosaurier pflanzten sich
ebenfalls durch das Legen von Eiern fort, und
Wieland schlug vor, dass deren Eier der Nahrung
von Waranen und Schlangen dienten.

Fossilbeweise haben bestätigt, dass Dinosaurier, Schlangen und Säugetiere Dinosaurier-
Eier und Jungtiere erbeutet haben.

90. Rivalität durch Überbevölkerung.

Eine der Folgen der Überbevölkerung (Er-
gebnis der reichlichen Nahrung, dominierende
Stellung der Gattung, und gleichbleibend warmes
Klima) war eine schwere Rivalität und Konkur-

renz unter den Dinosauriern, und sie haben sich gegenseitig umgebracht. Überlebt haben nur die vogelartigen Dinosaurier, weil sie von ihren Feinden wegfliegen konnten.

91. Uran Vergiftung.

Die meisten der entdeckten Dinosaurierknochen sind hoch radioaktiv. Die in Museen ausgestellten Knochen werden, mit hoch bleihaltigen Farben abgeschirmt, um die Besucher zu schützen.

Viele Dinosaurierfossilien werden mit mobilen Geiger-Müller-Zählern zur Erkennung von Strahlen, entdeckt.

Nach Ansicht von Wissenschaftlern der NASA und der Universität von Kansas, wurde die Massenausrottung der Kreidezeit durch eine Sternenxplosion verursacht und die radioaktiven Knochen sind ein Beweis für einen leistungsstarken Gammastrahlenausbruch.

Einige Forscher behaupten jedoch, dass die Dinosaurier von dem durch die Erde gefilterten Uran vergiftet wurden, was zu Krebs und zu ungünstigen Erbgutmutationen führte. Eine andere Theorie legt nahe, dass die Tiere während eines Atomkriegs im Mesozoikum radioaktiv wurden. Wie auch immer, die reine Tatsache ist, dass Dinosaurierknochen radioaktiv sind.

92. Bewegung des Sonnensystems in der Galaxie

Das Sonnensystem dreht sich um den Kern der Galaxie, und es wackelt auch und bewegt sich auf und ab.

Mikhail Medvedev und Adrian Melott schlugen vor, dass die Nordseite der Galaxie Schockwellen erzeugt, wodurch die Erde alle 62±3 Millionen Jahre einer Hochenergiestrahlung aussetzt ist. Aufgrund der inhärenten Asymmetrie, ist die Nordseite der Milchtrasse einem höheren Fluss kosmischer Strahlung ausgesetzt als ihre Südseite.

Ihre letzte Arbeit dokumentierte den gleichen 62±3 Millionen Jahre Zyklus in der Diversität von Fossilien der letzten 542 Millionen Jahre.

Die Erde, die Lebewesen und alle Menschen bekommen jeden Tag kosmische Strahlung ab. Wenn deren Kraft zunimmt, erzeugen diese kosmischen Strahlen eine Flut von Myonen, sekundäre Energiepartikel, die in der Lage sind, zu töten, zu verletzen und Mutationen zu verursachen. Tausende von Myonen durchqueren jede Minute unsere Körper.

Kosmische Strahlungen wirken sich auch auf das Klima aus, indem sie die Wolken vermehren und die Temperaturen erniedrigen. Sie können auch die Ozonschicht verändern.

Das wesentlich höhere Niveau kosmischer Strahlen, wenn das Sonnensystem die Nordseite der Galaxie durchläuft, hat periodische Massenausrottungen verursacht, darunter auch die Massenausrottung der Dinosaurier.

93. Wackeln der Galaxy.

Während der Rotation wackelt die Ebene der Milchstraße und wenn der Winkel der Ebene variiert, kommt es zu mehr Impakten von Himmelskörpern, sowie zusätzlichem Staub und Meteoriten treten in das innere Sonnensystem ein, was zu Massenausrottungen führt.

94. Hyperaktive Hirnanhangdrüse.

Baron Franz Nopcsa von Felső-Szilvás, ein in Ungarn geborener Aristokrat, war ein Abenteurer, ein Spion für Österreich-Ungarn, ein Anwärter auf den Thron von Albanien, des Leiter der ungarischen Instituts für Geologie und Paläontologe.

Nopcsa war einer der ersten Forscher, der versuchte, die Physiologie und die gesamte Lebensweise der Dinosaurier zu ermitteln, zu einer Zeit, zu der andere Paläontologen vor allem die Knochen zusammenbauten. Er war der erste, der nahelegte, dass Archosaurier ein komplexes Sozialverhalten aufgewiesen hatten und ihre Jungen betreuten.

Ein weiterer Beitrag Nopcsas war seine Theorie, dass sich die Vögel von den Dinosauriern entwickelt haben.

Er hatte auch die Theorie des Insel-Zwergwuchses ins Leben gerufen, eine Verringerung der Größe der großen Tiere, wenn deren Bevölkerung auf eine kleine Umgebung begrenzt ist, vor allem auf Inseln.

Nopcsa glaubte, dass Dinosaurier aufgrund von Sekreten der Hypophyse ihre enorme Größe erreicht haben. Eine Hyperaktivität der Hypophyse führte auch zu überschüssigem Wachstum von Knochen und Knorpel. Sekrete aus der Hypophyse verursachten Gigantismus, teilweise durch die Produktion von großen Massen an Knorpel als Vorläufer von Knochen und teilweise durch Akromegalie, das ist eine überschüssige pathologische Verdickung und Überwucherung der Extremitätenknochen und Gesichtsknochen.

Er schrieb, dass "die Gewichtszunahme der Gliedmassen bei den Dinosauriern an die Situation der Eunuchen erinnert", und viele von ihnen konnten sich nicht fortpflanzen.

Schließlich trieb die Drüse das Wachstum der Dinosaurier in solch einem Übermass an, dass die Tiere pathologisch gigantisch und grotesk wurden, was zu einer Behinderung der Bewegung und der Effizienz der Dinosaurier führte, und sie starben aus.

95. Entziehung des Mondes von der Erde.

Der Mond wurde aus dem pazifischen Raum entzogen und brachte dabei die Atmosphäre und das Klima aus dem Gleichgewicht. Die meisten Arten starben während der Naturkatastrophe aus.

Sir George H. Darwin, Sohn von Charles Darwin, entwickelte eine Theorie über die Entstehung des Systems Erde-Sonne-Mond. Sein Spezialgebiet war die Untersuchung der Gezeiten. Darwin legte nahe, dass sich der Mond aus Materie gebildet hat, die der Erde durch solare Gezeiten entzogen worden war. Vom pazifischen Raum wurde später postuliert, das er die Narbe dieser "Abschnürung" eines Teil der Erde sei, um den Rumpf des Mondes zu bilden.

96. Verlust an Mineralien.

Die Pflanzen verloren Mineralien, die für das Wachstum der Dinosaurier wesentlich waren, und so starben sie aus.

97. Arktischer Überlauf.

Die Theorie des arktischen Überlaufs, wurde von Stefan Gartner und James P. McQuirk in dem Artikel *"Terminal Cretaceous Extinction Scenario for a Catastrophe "* im Jahr 1979 in der Zeitschrift *Science* veröffentlicht.

Sie legten nahe, dass die klimatische Störung am Ende der Kreidezeit, d.h. eine schwere, über ungefähr ein Jahrzehnt oder länger anhaltende Dürre, begleitet von einer allgemeinen Abkühlung und mehr Saisonalität, von einem arktischen Überlauf verursacht worden ist: die gesamten Weltozeane wurden von einer Schicht kalten Wassers des Arktischen Ozeans bedeckt.

Die drastische Verringerung des Salzgehalts in der Oberfläche und die Verminderung des Sauerstoffs bedingten die schnelle Massenausrottung der marinen Biota. Die Autoren kamen zu dem Schluß, dass die marine und die terrestrische Massenausrottung wahrscheinlich nicht gleichzeitig stattgefunden haben.

Die Klimatische Umgestaltung führte zur einer Veränderung der Zusammensetzung der Flora in einem grossen Teil der Erde.

Die Welt des Mesozoikums veränderte sich sehr schnell, so dass die meisten Spezies, darunter die Dinosaurier, sich nicht an die neue Umgebung anpassen konnten.

98. Die Trennung von der Antarktis und Südamerika.

Die Antarktis und Südamerika trennten sich, was dazu führte, dass kaltes Wasser in die südlichen Ozeane eintrat und dadurch das Weltklima stark verändert wurde.

99. Wanderndes schwarzes Loch.

Astronomen haben unter Verwendung des Chandra Röntgen-Observatoriums Beweise dafür gefunden, dass ein massives Schwarzes Loch von der CID-42-Galaxie ausgestoßen worden ist, wobei es sich mit einer Geschwindigkeit von mehreren Millionen Kilometern pro Stunde fortbewegt. Es hat das millionenfache Gewicht der Masse der Sonne. Dieses Phänomen wird zurückgepralltes schwarzes Loch genannt.

Nach Ansicht der Wissenschaftler gibt es Tausende von wandernden schwarzen Löchern in der Galaxie.

Nach der Theorie der Gregory-Laflamme Instabilität, zerfallen bestimmte Arten von Schwarzen Löchern in kleinere Schwarze Löcher, wenn sie gestört werden, genauso wie ein dünner Wasserstrahl in kleine Tröpfchen auseinanderbricht, wenn er berührt mit einem Finger berührt wird.

Wenn ein kleineres Schwarzes Loch in das Sonnensystem eintritt oder nahe daran vorbei kommt, würden die Umlaufbahnen der Planeten gestört werden und würden unseren Planeten zur Sonne schieben oder zum Weltraum. Sie würden dabei die Neigungen ändern, was zu massiven Impakten von Boliden führen würde, Staub aus dem Weltraum würde in die Erdatmosphäre eintreten und würde die Photosynthese stören, es würde zu mehreren gewaltigen Vulkanausbrüchen kommen usw. Die Änderung der Umlaufbahn und der Neigung der Erde kann dramatische Klimaveränderungen verursachen.

Die Massenausrottung ist unvermeidlich.

100. Gott hat Seinen Fehler korrigiert.

Nach den theologischen Argumenten des 18. Jahrhunderts, war die Schaffung der Dinosaurier ein Fehler Gottes in der Schöpfung und Er löschte sie in einer großen Flut wieder aus.

Jetzt wissen wir, dass Gott (oder irgendein Herr der Welt) regelmäßig Arten vernichtet. Eigentlich wurden fast alle Arten, die jemals auf der Erde gelebt haben, ausgelöscht und durch höhere Arten ersetzt. Auch die Menschen werden mit anspruchsvolleren, intelligenten Wesen ausgetauscht werden. Mensch, jetzt kennen Sie, Ihre Zukunft!

101. Raubtiere.

Die Dinosaurier wurden von bisher nicht identifizierten Raubtieren gejagt. Überlebt haben nur die vogelartigen Dinosaurier, weil sie von ihren Feinden wegfliegen konnten.

102. Die Wärme der Erde hat sich verändert

Es gibt drei Hauptquellen von Wärme tief in der Erde:

1. Wärme von damals, als der Planet gebildet und vergrössert wurde, die noch nicht verloren gegangen ist;

2. Reibungswärme, die von dichterem Kernmaterial verursacht wird und ins Zentrum des Planeten sinkt;

3. Wärme aus dem Zerfall radioaktiver Elemente.

Der Kern der Erde ist in zwei separate Bereiche unterteilt: der flüssige äußere Kern und der feste innere Kern, mit einem Übergang zwischen den beiden, der in einer Tiefe von 5.000 km (3.000 Meilen) liegt.

Durch die Bewegungen des Kerns, kann die Wärmemenge manchmal zunehmen oder abnehmen und dabei das Klima verändern, was in einigen Fällen sehr schnell erfolgen kann (geologisch gesehen) und bedeutend ist und Massenausrottungen verursachen kann.

103. Fehlfunktion der Hypophyse.

Diese Anregung steht im Gegensatz zu der Hypothese der hyperaktiven Hypophyse.

Eine Fehlfunktion der Hypophyse hat zu einem übermässigen Wachstum von unnötigen und entkräftenden Hörnern, Stacheln, und Krausen geführt, so dass die Dinosaurier sehr schwach und gebrechlich wurden. Dies hat Beeinträchtigungen ihrer Fähigkeiten sich zu ernähren, sich zu bewegen, sich fortzupflanzen geführt, sowie zu Beeinträchtigungen im Wettbewerb mit anderen Arten.

104. Sonnenflecken und Sonneneruptionen.

Die Sonnenaktivität ist nicht gleichbleibend. Sie neigt dazu, mit der Zeit zu variieren.

Es gibt elf-jährige Sonnenfleckenzyklen und längere Zyklen, die Hunderte oder sogar Tausende von Jahren fortdauern können.

Wenn es nur wenige oder gar keine Sonnenflecken gibt, wird das Wetter kälter. Diese Perioden werden als kleine Eiszeiten bezeichnet und sind von extrem kalten, schneereichen Wintern und kühlen Sommern geprägt. In solchen Zeiten stellen viele Gletscher ihren Rückzug ein und beginnen wieder voranzuschreiten.

Am Ende der Kreidezeit wurde die Sonnenaktivität enorm. Die Sonnenflecken und die Sonneneruptionen wuchsen in Anzahl und Größe. Die erhöhte Sonneneinstrahlung und das viel wärmere Klima führte zu der Ausrottung der Dinosaurier.

105. Unterwasservulkane.

Störungen im Kern der Erde lösten eine Reihe von Ereignissen aus: Kontinentaldrift, riesige Wasserberge wurden hervorgerufen, magnetische Umkehrungen traten ein, es bildeten sich Berge auf dem Festland, der Meeresspiegel veränderte sich, flache Gewässer verschwanden, riesige marine Vulkane und Fluten von Basaltlava, usw.

Unterwasservulkane erhitzten und vergifteten die Weltmeere, wobei fast alle Tiere und Pflanzen getötet wurden. Die meisten Arten in den Flüssen und den Meeren überlebten. Die marinen Vulkane beeinflussten auch die Temperaturen rund um den Globus und das Wetter wurde viel heißer.

Die Oberfläche der Meere und des Festlands auf der Erde, und das Klima veränderten sich sehr schnell und die meisten Arten konnten sich an die neue Umwelt nicht schnell genug anpassen und sind ausgestorben.

106. Neue Zersetzerorganismen.

Bestimmte Pilzarten (die wichtigsten Zersetzer) und Bakterien sind die Motoren des Zersetzungsvorgangs. Gäbe es keine Zersetzung, würde die Oberfläche des Planeten von toten Blättern, Holz und Tierleichen begraben werden.

Im frühen Devon wurden die Pflanzenreste vor allem von Pilzen zersetzt. Am Ende der Kreidezeit erschienen neue zersetzende Bakterienarten. Zu dieser Zeit gab es nur ein paar sehr primitive Zersetzungsbakterien. Die Leichen der toten Kreaturen blieben über eine sehr lange Zeit bestehen ohne zu verfallen und lieferten dabei Nahrung für die Aasfresser und Raubtiere. Als die neuen abbauenden Bakterien erschienen waren, gab es Nahrungsmangel, da die toten Tiere nun sehr schnell verrotteten und die Pflanzenmasse verringerte sich ebenfalls. Nicht alle Arten waren in der Lage, sich auf die neuen Bakterien, die sie mit der Nahrung aufnahmen anzupassen. Die Nahrungsmittelknappheit und die neuen Mikroorganismen in der Nahrung trieben viele Arten in die Ausrottung.

107. Paläoweltschmerz.

Weltschmerz oder Weltüberdruss ist ein Begriff, der von dem deutschen Autor Jean Paul Richter geprägt wurde und er bezeichnet die Art von Gefühl von jemandem, der weiß, dass die physische Realität niemals in der Lage ist, die Forderungen des Geistes zu erfüllen. Weltschmerz kann Depression, Resignation und Realitätsflucht hervorrufen, und kann zu einem schweren psychischen Problem werden.

Die Dinosaurier starben an Paläoweltschmerz. Sie begingen Selbstmord, genau wie einige Delfine, Lemminge, Wale und andere Tiere, denn sie hatten von ihrer primitiven mesozoischen Dinosaurierexistenz die Nase voll. Sie waren auch sehr überbevölkert und gestresst. 90% der Kontinente waren unter Wasser.

108. Dinosaurier leben jetzt im Inneren der Erde.

Die Hypothese von der hohlen Erde legt nahe, dass der Planet Erde entweder ganz hohl ist oder einen wirklichen Innenraum enthält.

In der späten Kreidezeit gab es immer noch Öffnungen, die in den hohlen Innenraum der Erde führten und die meisten Arten wanderten dort hinein, wegen des günstigeren Umfelds und jetzt leben sie dort in Frieden und Harmonie.

109. Kranke Zeiten.

Nach Angaben des Paläontologen Roy Moodie erreichten Arthritis, Karies, Frakturen und Infektionen in der späten Kreidezeit ein Maximum.

Er ging davon aus, dass die Dinosaurier ausgestorben sind, weil ihnen die ganze Zeit über viele Unfälle und Verletzungen zugestossen sind. In seinem, im Jahr 1923 veröffentlichten Buch *Paleopathologie*, analysierte er Frakturen, Infektionen, Arthritis und andere Krankheiten, die in Fossilien aus dem Mesozoikum gefunden worden waren, und erstellte eine Grafik von den Krankheiten während dieser Zeit. Das Ende der Kreidezeit war eine sehr harte Zeit für Reptilien und Dinosaurier. Moodie schrieb: "Es scheint sehr wahrscheinlich, dass viele der Krankheiten, die die Dinosaurier und deren Gefährten quälten, mit ihnen ausgerottet wurden."

110. AIDS.

Laut Fred Hoyle und Wickramasinghe, sind viele Ausbrüche von Krankheiten auf der Erde von extraterrestrischer Herkunft, einschließlich der Grippe-Pandemie von 1918, bestimmte Ausbrüche von Polio, der Rinderwahnsinn, usw. Bezüglich der Grippe-Pandemie von 1918 vermuten sie, dass Kometenstaub das Virus auf die Erde gebracht hat. Hoyle hypothetisierte auch, dass AIDS aus dem Weltall eingetroffen ist.

Die aus dem Weltraum stammende oder durch vermehrte Promiskuität hervorgerufene Paläo-Version von AIDS hat die Dinosaurier zum Aussterben gebracht.

111. Mangelnde Fähigkeit das Verhalten zu ändern.

J. Fremlin behauptete in seinem, in der Zeitschrift *New Scientist* veröffentlichten Artikel "*Dinosaur death: the unconscious factor*", dass die Dinosaurier ausgestorben sind, aus Mangel an Bewusstsein und aufgrund der nichtvorhandenen Fähigkeit, bei den schnellen Verändrungen gegen Ende der Kreidezeit ihr Verhalten zu ändern.

112. Übermäßige Mutationen.

Diese Theorie basiert auf der Mutationsrate der Artenpopulation und der Größe der Bevölkerung.

SC Tsakas und JR David veröffentlichten in ihrem Artikel "*Population genetics and Cretaceous extinction*" ihre Theorie, dass die, durch hohe kosmische Strahlung und/oder UV-Licht während der übereinstimmenden häufigen geomagnetischen Umkehrungen verursachte übermäßige Mutationsrate, zu kleiner Populationsgröße, Diversifizierung der Arten, größere Körpergröße, und Top-Position in der Nahrungskette geführt hat. Aber diese Arten sind mit einer hohen genetischen Belastung und Anfälligkeit für schlagartige Veränderungen der Umwelt belastet.

Die Autoren schrieben: "Mit einer höheren Mutationsrate erfolgt eine Beschleunigung in der Diversifizierung der Arten. Die neue Art, erscheint daher nicht nur mit einer kleineren Artenpopulation, sondern ausserdem mit einer schweren genetischen Belastung."

Der Zeitraum mit häufigen geomagnetischen Umkehrungen am Ende der Kreidezeit ist nach 40 Millionen Jahren konstanter Polarität bemerkenswert. Zu dieser Zeit begannen Dinosaurier, Ammoniten und andere Arten eine rasche Diversifizierung durch übermäßige Mutationen und endeten mit der Ausrottung. Während der geomagnetischen Umkehrungen sind die Arten der kosmischen Strahlung und dem UV-Licht stärker ausgesetzt, über ca. 1000 bis 10.000 Jahre, weil der Schutzschild der Ozonschicht fast nicht existent ist, was zu einer schweren genetischen Belastung führt und die Fitness reduziert. Nach solchen Perioden sind die Arten viel stärker vom Aussterben bedroht.

Die Autoren glauben, dass die hohe Diversifikation der Arten durch übermässige genetische Muta-tionen, einschließlich der Dinosaurier, die eigentliche Ursache für deren Aussterben war. Die Diversifizierung unter den überlebenden Arten war niedriger.

Als der Asteroid die Erde getroffen hat, waren fast keine Dinosaurier mehr am Leben.

113. Weit verbreitete Abholzung

Im Jahr 1981 veröffentlichte VA Krasilow in der Zeitschrift *Palaeogeography, Palaeoclimatology, Palaeoecology* seinen Artikel *"Changes of Mesozoic vegetation and the extinction of dinosaurs."*

Er schlug vor, dass die Dinosaurier-Gemeinschaften in weitläufigem Buschland und Farnsümpfen lebten, und die eventuelle Beseitigung dieser Pflanzenformationen und die weit verbreitete Abholzung aufgrund von Klimaveränderungen wahrscheinlich das Aussterben der Dinosaurier verursacht hat, weil sie ihren Lebensraum und ihre übliche Nahrung verloren hatten.

114. Kalziummangel.

Dinosaurier erforderten große Mengen an Kalzium, da die Eierschalen nahezu aus reinem Kalziumcarbonat bestehen und das Ei selbst Kalzium enthält, das von dem sich entwickelnden

Dinosaurier verwendet wird. Kalzium-Mangel in Eiern kann zu Problemen führen, wie z.B. dünne, schlecht gebildete Eier, unförmige, und manchmal schalenlose Eier und zu verminderter Eierproduktion.

Unzureichendes Kalzium in der Nahrung bei jungen Dinosaurier führte zu gespreizten Beinen, Missbildungen, leicht gebrochenen Knochen, Muskelschwäche. Diese Jungtiere endeten oft mit dem Tod.

Vulkane produzierten große Mengen an Schwefel in der Atmosphäre, die sauren Regen hervorriefen, was mit Kalzium in der Umwelt reagierte und damit zu weniger Kalzium in der Nahrungskette führte. Der Mangel an Kalzium könnte einen schlechten Einfluß auf die Eierproduktion der Dinosaurier ausgeübt haben und so starben sie aus.

115. Rachitis.

Im Jahr 1928, behauptete Harry T. Marshall, ein Pathologe an der Universität von Virginia, einem Bericht in der Zeitschrift *Science News-Letter* zufolge, dass die Dinosaurier an Rachitis gestorben sind, nachdem Vulkanstaubwolken die Sonne verdunkelt und damit die Zufuhr von UV-Licht abgeschnitten hatten.

Die primäre Ursache von Rachitis ist ein Vitamin D-Mangel. Sonnenlicht, vor allem UV-Licht, ermöglichen, dass die Hautzellen Vitamin D von einem inaktiven in den aktiven Zustand umwandeln.

Rachitis ist eine Erweichung der Knochen bei Kindern aufgrund eines Mangels oder eines eingeschränkten Stoffwechsels von Vitamin D, Phosphor oder Kalzium, was potentiell zu Frakturen und Missbilildungen führt, sowie Empfindlichkeit der Knochen, Zahnprobleme, Muskelschwäche, erhöhte Neigung für Frakturen (leicht gebrochenen Knochen), Fehlbildungen von Skelett, Schädel, Becken und Wirbelsäule, weiche Schädel, usw.

Innerhalb weniger Generationen von missgebildeten Knochen, anfälligen Jungtieren, knapper Nahrung mit mangelndem Vitamin D und Verdauungsstörungen könnten die Dinosaurier ausgerottet worden sein.

116. Sauerstoffvergiftung.

Aufgrund des warmen, konstanten Klimas und den erhöhten Mengen an Kohlendioxid, produzierten die Pflanzen der Kreidezeit große Mengen an Sauerstoff und erhöhten damit den Sauerstoffgehalt.

Die Stoffwechselrate im Gewebe der Dinosaurier erhöhte sich. Die erhöhten Mengen an Sauerstoff führten zu Sauerstoffvergiftung.

Die höhere Sauerstoffkonzentration in der Atmosphäre war ein Segen und ein Fluch; Sauerstoff ist energiereich und kann für die Zellfunktion Energie liefern, aber er kann auch sehr giftig sein. Das Leben in einer Umgebung mit erhöhter Sauerstoffkonzentration ist eine echte Herausforderung für die Lebewesen, denn sie müssen den Sauerstoff aufnehmen und speichern, ohne die gefährlichen Nebenwirkungen dieser Energiequelle zu erleiden.

Wenn diese Stoffwechselrate sehr hoch ist, vor allem bei großen Arten, kann es vorkommen, dass sie nicht in der Lage sind, genügend Nahrung aufzunehmen, um zu überleben.

Albert Schatz, Biochemiker am National Agri-cultural College, schlug vor, dass "sich die Dinosaurier sogar selbst ver- oder ausgebrannt haben könnten!"

117. Flächenbrände.

Wendy Wolbach et al. 1985 berichtete das Vorhandensein von Graphit-Kohlenstoff, vor allem in Form von Ruß, ein potentiell verdächtiger

Beleg von Waldbränden, an mehreren Stellen der KP-Grenze.

Die Atmosphäre der Kreidezeit war dichter, mit höheren Mengen an Kohlendioxid als heute und die immense Pflanzenmasse verwandelte dieses in übermäßigen Sauerstoff. Der Sauerstoff-Anstieg und das globale Inferno der Flächenbrände waren unumgänglich.

Der Sauerstoffgehalt erreichte ungefähr 24 bis 28%, einige Forscher nennen sogar Anteile von 35% bei der Analyse der Gasblasen in Bernstein. Flächenbrände kommen die ganze Zeit vor, wobei sie durch Blitze und selbstverbrennende Kohle gezündet werden.

Es besteht keine Notwendigkeit eines Asteroiden als Zünder. Flächenbrände kommen natürlich vor, und die Intensität ist abhängig von der Sauerstoffkonzentration in der Luftatmosphäre und der Menge an pflanzlicher Biomasse und offenen Kohleablagerungen.

Die Brände zerstörten einen Großteil der Pflanzen und der Tiere. Der in die Atmosphäre hochgeschleuderte Ruß blockierte das Sonnenlicht, was eine globale Abkühlung und eine vorübergehende Abschaltung der Photosynthese bei Land-und Meerespflanzen hervorgerufen hat.

Die Nahrungsmittelknappheit, das veränderte Klima, und die Versauerung der Ozeane rot-

tete die meisten der Arten aus, darunter die Dinosaurier.

Mehrere Studien entdeckten einen Anstieg
der Farnsporen nach der KP-Grenze. Bei einem
Anstieg des Farnsporen-anteils handelt es sich um
eine abnormale Konzentration an Sporen bei
wachsenden Farnen, ähnlich wie der Pollen, der
von anderen Pflanzenarten verbreitet wurde, die
bald nach der katastrophalen Flächenbränden
wuchsen. Nach gewaltigen Flächenbränden sind
die Farne die ersten Pflanzen, die auf der verwüs-
teten Landschaft wieder nachwachsen. Die anderen Pflanzen, wie Büsche und Bäume begannen
irgendwann viele Jahre später zu wachsen.

118. Marine Regression.

Im Jahr 1964 veröffentlichte Leonard Ginsburg, Professor für Paläontologie am französischen Naturkundemuseum, seine erste These über
die Ausrottung, nämlich dass ein allmählicher
Rückgang der Meeresspiegel der Welt (marine
Regression) zu katastrophalen Klimaveränderungen führte und, dass die meisten Arten sich nicht
anpassen konnten und nach und nach verschwunden sind.

Ginsburg behauptete, dass große geologische Trennungen mit der Ausbreitung der Meere
und Ozeane über große Landflächen beginnen

und das Erscheinen von neuer Flora und Fauna hervorrufen, und, dass sie mit dem erneuten Rückgang des Wassers enden und damit Massenausrottungen verursachen.

Ginsburg legte nahe, dass das Iridium in der Grenzschicht aus den Löchern des verdampfenden Wassers stammen könnte.

119. Kosmische Flut.

Die Erde trat in eine Region von enormen interstellaren Wolken, die einen hohen Prozentsatz an Wassermolekülen enthielten, und kleinere Teile von Metallen, organischen Molekülen, Staub, usw. Das Ergebnis war eine gewaltige Flut, welche die meisten Arten auf unserem Planeten vernichtet hat.

Die Erde durchläuft periodisch solcherlei wässrige kosmische Wolken, die katastrophale Überschwemmungen verursachen.

120. Gebirgsbildung.

Im Jahr 1915 schrieb William Diller Matthew in seinem Buch *Dinosaurier*: "Eine geologische Periode ist die Aufzeichnung von einem dieser immensen und lange andauernden Bewegungen des abwechselnden Untertauchens und sich Erhebens der Kontinente. Daher beginnt und endet er mit einer Zeit der Erhebung und er beinhaltet eine lange Zeit des Untertauchens. Diese Epochen der Erhebung gehen mit der Entwicklung des kalten Klimas an den Polen einher, und an anderer Stelle mit trockenen Bedingungen im Inneren der Kontinente. Die Epochen des Untertauchens gehen mit einem warmen, feuchten Klima einher, das vom Äquator bis zu den Polen mehr oder weniger einheitlich ist."

Matthew legte nahe, dass die Dinosaurier "die großen Veränderungen von Geographie und Klima überlebt haben, und durch eine Kombination von Ursachen ausgestorben sind, die bis heute nicht völlig verstanden sind; wahrscheinlich waren die großen Veränderungen der physikalischen Bedingungen am Ende der Kreidezeit, und die Entwicklung der Säugetiere und Vögel, die intelligenter, aktiver und besser an die neuen Lebensbedingungen angepasst waren, die wichtigsten Faktoren bei deren Ausrottung."

121. Stagnierende Ozeane und gewaltiger Vulkanismus.

In dem, in der Zeitschrift *Geochimica et Cosmochimica Acta* von M.L. Keith veröffentlicht Artikel "*Violent volcanism, stagnant oceans and some inferences regarding petroleum, strata-bound ores and mass extinctions*", wurde, die Theorie vorgestellt, dass sich am Ende der Kreidezeit die Meere von gut gemischt und belüftet zu stratifiziert (in Schichten angeordnet), verändert haben, was das Austerben der marinen Fauna hervorgerufen hat, sowie klimatische Erwärmung durch den Treibhauseffekt aufgrund des erhöhten Levels von vulkanischem Kohlendioxid.

Das vorgeschlagene Modell der stagnierenden Ozeane beinhaltet eine erwärmte Atmosphäre mit Kohlendioxid und einer Region des Ozeans einer Tiefe von 200 bis 6.000 Metern (660 bis 20.000 Fuß), die von bakteriellen Komponenten im Nahrungsnetz dominiert war. Die Höhepunkte der fortdauernden stagnierenden Episoden entsprechen den marinen Ausrottungen im späten Perm und in der späten Kreidezeit. Die langwierigen Veränderungen liefern Nachweise gegen jede Hypothese einer Massenausrottung infolge einer plötzlichen globalen Katastrophe wie ein Asteroiden-Einschlag. Der stagnierte Ozean der Kreidezeit verursachte eine durch vulkanisches Kohlendioxid hervorgerufene Klimaerwärmung und löste einen Treibhauseffekt aus, sowie mehrere Faktoren wie ein vermindertes Albedo der Erde (Bruchteil der Sonneneinstrahlung, die in den Raum zurückreflektiert wird) und eine vermehrte Senkung der warmen, verdunsteten Sole anstelle von belüfteten polaren Meeresgewässern.

Marine Extinktionen werden der Aufwärts-expansion der Sauerstoffminimumzone zuge-schrieben und der katastrophalen Vermischung von Oberflächengewässern mit giftigem, schwe-felhaltigem Wasser der Tiefen. Der größte Teil der Flora und Fauna des Festlands ist infolge des hei-ßen Klimas ausgestorben.

Keith legte nahe, dass Spurenelemente in stagnierenden Ozeansedimenten, einschließlich Schwermetalle und Metalle der Platingruppe, die Ansprüche verneinen, dass Iridium einen einzig-artigen "Fingerabdruck" eines Meteoritenein-schlag und kosmischer Akkretion liefert.

Die langwierigen Veränderungen liefern den Nachweis, gegen jegliche Hypothese einer Massenausrottung infolge einer plötzlichen welt-weiten Katastrophe, einschließlich der Hypothese eines Asteroideneinschlags.

Die Temperaturen in der Jura- und Kreide-zeit waren relativ hoch, und die Konzentration an gelöstem Sauerstoff in den Ozeanen war niedriger als heute, so dass ein Sauerstoffmangel leichter zu erreichen war.

Anoxische Ereignisse in den Ozeanen wur-den wurden in erster Linie für die bereits warme Jura- und Kreidezeit erkannt, aber es wurde vor-geschlagen, dass derart katastophale Ereignisse im späten Trias, Perm, Devon, Ordovizium und Kambrium eingetreten sind.

122. Radioaktiver Vulkanstaub.

Es wurden viele Vulkanascheablagerungen identifiziert, da sie signifikante Mengen an radioaktiven Elementen beinhalten.

Im Jahr 2013 hat das malaysische Gesundheitsministerium die Öffentlichkeit vom Kauf und von der Nutzung von Anhängern aus Vulkanasche abgeraten, da diese natürliche radioaktive Stoffe enthalten, die für die Gesundheit schädlich sind und Krebs verursachen könnten.

Wenn die Dosis sehr hoch ist, ist die Menge der radioaktiven Vulkanasche ausreichend, dass Pflanzen und Tieren direkt an der Strahlenkrankheit sterben.

Handelt es sich um eine ständige Dosis, würden kleinere Mengen an vulkanischem Staub riesige Gebiete mit giftigen radioaktiven Stoffe abdecken, die den größten Teil der Flora und der Fauna am Festland und in den Ozeanen erst nach mehreren Generationen vernichten könnte. Auch wenn die Strahlendosis relativ gering ist, würden die Tiere ständig radioaktive Nahrung verzehren, radioaktives Wasser trinken, und in einer radioaktiven Umgebung leben. Als Spätfolge einer langwierigen Strahlung, erhöht sich das Krebsrisiko und das Risiko komplexer klinischer Symptome.

Nur ein kleiner Teil der Flora und der Fauna würde den Ausbruch von Vulkanen überleben, die signifikante Mengen an radioaktiven Stoffen enthalten.

123. Ozonabbau durch vulkanische Gase.

Laut M.L. Keith, emeritierter Professor für Geochemie an der Pennsylvania State University, haben bei Vulkanausbrüchen freigesetzte Gase die schützende Ozonschicht aufgebraucht und die Massenausrottung in der Kreidezeit verursacht. Säugetiere mit ihrem Fell und gefiederte Vögel waren vor der schädlichen UV-Strahlung besser geschützt und überlebten. Die großen, Tiere mit nackter Haut wie die Dinosaurier sind umgekommen.

Anderen Lebewesen haben sich geschützt, indem sie sich unter Büschen und Bäumen versteckt haben oder in die Flüsse, Meere, Ozeane eingetaucht sind; einige Tiere blieben die meiste Zeit unter Felsen und in Höhlen oder sie vergruben sich in der Erde.

Auch viele der Pflanzen starben durch übermäßige UV-Strahlung. Die schwere Nahrungsmittelkrise, die ungünstigen genetischen Mutationen, Hautkrebs, Katarakte, ein geschwächtes Immunsystem usw., rottete die meisten der Arten aus.

124. Supernova-Explosion.

Iosif Schklowski sowjetischer Astronom und Astrophysiker, legte in seinem, im Jahr 1962 veröffentlichten Buch *Intelligent Life in the Universe* nahe, dass kosmische Strahlen, von Supernova-Explosionen für einige der Massenausrottungen auf der Erde verantwortlich sein könnten.

Ein Stern kann auf zwei Art und Weisen zu einer Supernova werden: er sammelt Materie von einem nahe gelegenen Nachbarn, bis eine Kernreaktion zündet oder seine Kernbrennstoffe ausgegangen sind und er unter seiner eigenen Schwerkraft zerbricht.

Eine Supernova kommt in einer Galaxie der Größe der Milchstraße ungefähr einmal alle 50 Jahre vor. Sie kann kurzzeitig sogar Galaxien überstrahlen und mehr Energie ausstrahlen als unsere Sonne in ihrer gesamten Lebenszeit.

Die expandierende Hülle aus Schutt, die Supernova-Überreste schaffen einen Nebelfleck, der, über hunderte oder tausende von Jahren, Radiowellen, Röntgenstrahlen und Licht ausstrahlt.

Eine Supernova-Explosion hat die Erde mit neu gebildeten Elementen überschüttet, die schwerer sind als Eisen, einschließlich des Iridiums, das die Forscher jetzt in der KP-Grenzschicht vorfinden.

Die kraftvolle kosmische Strahlung durch die Explosion der nahe gelegenen Supernova hat die meisten Tiere direkt ausgerottet, darunter die Dinosaurier. Die Explosion hat die Atmosphäre erwärmt und machte Boden, Pflanzen, Wasser, und Tiere radioaktiv, und hinterlies die meisten der überlebenden unfruchtbar. Die Strahlung verursachte irreparable DNA-Schäden, was zu Zellmutation, zu anormalem Wachstum oder Teilung von Zellen führte, und zu Krebs. Nur etwa ein Viertel der Arten hat überlebt.

Forscher behaupten, dass der enorme Ring des interstellaren neutralen Wasserstoffs in der Nähe des Sonnensystems, mit einem Durchmesser von etwa 30.000 Milliarden Kilometern, der Beweis für eine Supernova-Explosion ist. Die Geschwindigkeit der Expansion der Wolke und seine Dimensionen zeigen, dass die Explosion vor etwa 66 Millionen Jahren erfolgt ist.

Eine kleinere Variante der Theorie der Supernova-Explosion besagt, dass der erhöhte Gamma-Strahlen-Fluß die schützende Ozonschicht zerstört hat und damit ermöglicht wurde, dass die UV-Strahlung die Dinosaurier tötete und eine Eiszeit oder eine starke Abkühlung des Planeten auslöste. Die Flora und die Fauna waren an das warme Klima des Mesozoikums gewöhnt und die meisten der Arten, die die schädliche UV-Strahlung überlebten kamen aufgrund des kalten Klimas um.

125. Langanhaltende massive Kohlefeuer.

Im KP-Grenzton der ganzen Welt gibt es Holzkohle von einem massiven Brand.

Das Klima der Kreidezeit war viel wärmer als heute. Es war vielleicht das wärmste Klima in den letzten 600 Millionen Jahren. Aufgrund des gleichmässig warmen Klimas und des reichlich vorhanden Kohlendioxids war die Pflanzenmasse viel größer als heute.

Während des Mesozoikums gab es nur ein paar sehr primitive zersetzende Bakterien und einige Pilze. Die toten Pflanzen und die Leichen der Tiere konnten über eine lange Zeit bestehen bleiben, ohne zu verfallen. In diesem Umfeld zersetzte sich die abgestorbene Pflanzenmasse nicht schnell und verwandelte sich zu Kohle. Bis zum Ende der Kreidezeit gab es riesige Mengen an offenen Ablagen von toten Pflanzen, Torf und Kohle.

Der Sauerstoff-Peak am Ende der Kreidezeit verursachte eine massive Kohleverbrennung. Kohle kommt in der Regel in Gesteinsschichten oder Adern vor, die als Kohleflöze oder Kohlegruben bezeichnet werden. Das Verbrennen von offenen Kohlevorkommen und Kohleflözen hat die Umwelt sehr stark verschmutzt, die Sonneneinstrahlung vermindert und das Klima abgekühlt.

Kohlebrände sind auch eine Quelle für große Mengen an Kohlendioxid, was schweren sauren Regen und toxische Luftverschmutzung hervorruft. Die ausgespuckte Asche war sehr giftig und vergiftete die Pflanzen, das Trinkwasser, und die Umwelt. Natürlich vorkommende giftige und radioaktive Elemente in der Kohle konzentrieren sich bei der Verbrennung deutlich in der Flugasche.

Die brennende Kohle ist eine Quelle von Schwefeldioxid, Stickstoffoxiden, Kohlenmonoxid, Quecksilber, Cadmium, Arsen, Blei, Ruß, Kohlenwasserstoffen, usw., die in die Lunge eintreten können und von dem Blutstrom absorbiert werden und Krebs und anderen Krankheiten hervorrufen können.

Über bemerkenswert hohe Arsengehalte wurde in zahlreichen Stellen im KP-Grenzton weltweit berichtet. Es wird vorgeschlagen, dass es durch die Verbrennung von fossilen Brennstoffen wie Kohle oder Öl in der Nähe der Chicxulub-Einschlagstelle gebildet wurde, oder es wurde durch die Verbrennung von enormen Mengen an Biomasse nach dem Einschlag hervorgerufen.

Arsen in bituminöser Kohle kommt vor allem im Pyrit und, in geringerem Maße, in den organischen Anteilen der Kohle vor. Ein Teil dieses Arsen wird während der Kohleverbrennung ausgestossen. Es ist das Arsen im KP-Grenzeton und in den Fossilien der Tiere.

In einigen Regionen Chinas wie in der Provinz Guizhou, sind die Kohlevorkommen an der Oberfläche reichlich. Kohle ist der wichtigste Brennstoff für den Hausgebrauch. Leider haben sich einige dieser Kohlen der Mineralisierung unterzogen, was zu der Bereicherung von toxischen Elementen wie Arsen, Fluor, Quecksilber, Antimon und Thallium führte. Sie haben tiefgreifende negative Auswirkungen auf die Gesundheit von Millionen von Menschen auf der ganzen Welt. In China verbrennen mehrere hundert Millionen Menschen Rohkohle in unbelüfteten Öfen. Zehntausende von ihnen leiden unter schweren Arsenvergiftungen, vor allem durch den Verzehr von Chilischoten, die über Feuern mit arsenhaltiger Kohle getrocknet werden.

Es gibt Iridium in Kohleadern; sumpfige Umgebungen begünstigten die Kohleablagerung und können Metalle wie Iridium konzentrieren. Die Iridium-Anomalie könnte durch massive Ver-

brennung von Kohle und durch kräftige Vulkana-
ktivität am Ende der Kreidezeit verursacht worden sein.

Das verminderte Licht aufgrund von
Rauchwolken hemmte die Photosynthese und verringerte die Temperaturen.

Die schwere Verschmutzung der Umwelt,
das veränderte Klima (Abkühlung und bald danach die Erwärmung durch den Treibhauseffekt),
und die reduzierte Pflanzenmasse verursachte die
enorme Ausrottung am Ende der Kreidezeit.

126. Antipodaler Vulkanismus

Die Theorie des antipodalen Vulkanismus
besagt, dass das Auftreffen des Boliden auf der
gegenüberliegenden Seite des Globus vulkanische
Aktivität auslösen könnte.

Astronomen identifizieren Bereiche auf
Mond, Merkur, eisigen Satelliten und anderen
Weltraumkörpern, wo die Einschlagskrater antipodisch zu Vulkanen und Standorten von gebrochener Kruste liegen.

"Die Erde wirkt wie eine Linse", sagte Mark
Boslough. "Sie fokussiert die Energie. Es hat eine
Menge Spekulationen darüber in Bezug auf Asteroiden und Vulkanausbrüche gegeben, aber wir
haben die erste gründliche Modellierung ausge-

führt, um zu zeigen, wohin die Energie tatsächlich geht."

Geologen wissen seit langem, dass starke Erdbeben Schockwellen aussenden, die sich auf der Erde ausbreiten und auf den Antipoden des Bebens ihren Fokus haben.

Diese Vulkanausbrüche sind vermutlich in den Deccan Trapps entstanden, ungefähr auf der gegenüberliegenden Seite der Erde zu dem Chicxulub-Einschlag, der in dieser Zeit datiert.

Die Massenausrottung der Kreidezeit ist das Ergebnis eines langen Vulkanausbruchs (Deccan Trapps), der durch einen Meteoritenein-schlag ausgelöst wurde. Sowohl die vulkanische Aktivität und der Impakt haben das spezifische Muster der Ausrottung der Kreidezeit hervorgeru-fen.

Das Sandia-Team verwendete einen leis-tungsfähigen Computer, mit dem es den Schaden simulierte, den ein Bolide mit etwa sechs Meilen im Durchmesser an den Antipoden des Impakts angerichtet haben könnte. Das Team entdeckte, dass die Kruste in einer Reihe von katastrophalen Beben bis zu 60 Fuß hochgehoben wurde. Im Ver-gleich dazu wurde der Boden bei dem großen Er-beben von San Francisco im Jahr 1906 höchstens ein paar Meter hochgehoben.

127. Wettkampf zwischen den Dinosauriern.

Im Kampf um Territorien, überholten die Flugsaurier ihre wandernden und schwimmenden Brüder, indem sie deren Eier frassen und zerstörten.

128. Langfristige Klimaschwankungen.

Dr. Michael Prauss, Paläontologe an der Freien Universität Berlin, kam zusammen mit Gerta Keller, und anderen Wissenschaftlern aus Deutschland und der Schweiz zu dem Ergebnis, dass schwere Klimaveränderungen die KP-Massenausrottung verursacht haben. Die Zeiten extremer Erwärmung und Abkühlung gepaart mit schnellen Veränderungen der Meeresspiegel begannen etwa 1 Million Jahre vor dem Asteroiden-Einschlag, der ein bereits katastrophales Klima nur noch verschlechterte.

"Der daraus resultierende chronische Stress, zu dem natürlich auch der Meteoriteneinschlag beigetragen hat, ist wahrscheinlich grundlegend gewesen für die Krise in der Biosphäre und schließlich für die Massenausrottung", schrieb Michael Prauss.

Nach Prauss, erfolgte der eigentliche Asteroideneinschlag vor der geochemisch und mikropläontologisch definierten Kreide-Paläogen-

Grenze. Er sagte, die Flora und die Fauna hätten sich nach dem Einschlag des Boliden wieder erholt. Prauss unterstützt seine Forderung mit dem so genannten Farn-Höhepunkt, das ist ein erhöhter Anteil an Farnsporen, als die Pflanzen begonnen hatten, zerstörte Ökosysteme wieder zu bevölkern.

Der Asteroid, der in die Erde eingeschlagen hat, verursachte nur einige kleinere Ausrottungen in der vom Einschlagkrater nicht sehr weit entfernten Umgebung aber sowohl die Flora als auch die Fauna erholten sich sehr schnell. Nach dieser Theorie, war der große Schurke, der Asteroid, der die gute, alte Erde 300.000 Jahre vor dem Untergang der Dinosaurier getroffen hatte, nichts mehr als eine harmloser Feuerwerkskörper der Kreidezeit, dem es nicht gelungen war, die Welt des Mesozoikums zu zerstören.

129. Zu viele Fleischfresser.

Die fleischfressenden Dinosaurier wurden zu viele und sie dezimierten die pflanzenfressenden Dinosaurier und viele andere Arten. Ohne ausreichend Nahrung sind die Fleischfresser zu Tode verhungert.

130. Arsenvergiftung.

Die abnorm hohen Arsenkonzentrationen in den Ebenen der KP-Grenze und in den Dinosaurier-Fossilien wiesen auf eine schwere Arsenvergiftung hin, die durch Vulkanausbrüche verursacht worden war.

Wasser, Pflanzen und Boden wurden von verschiedenartigen Chemikalien terrestrischen (vulkanischen) oder außerirdischen Ursprungs, also Kometen, Asteroiden, kosmischem Staub oder Gaswolken, vergiftet.

131. Verändertes Lichtspektrum.

Die Massenausrottung der Kreidezeit ist ein Ergebnis der Veränderung in der Balance im Spektrum des Lichts, das die Erde erreicht. Etwas mehr oder weniger UV-Licht ist genug, um die Ausrottung vieler Tiere und Pflanzen hervorzurufen.

132. Die Rotation der Erde hat sich verändert.

Auf den Satelliten wirken zwei Kräfte ein: die Schwerkraft, die den Satelliten zu der Erde zieht, und die Zentrifugalkraft, die den Satelliten wegschiebt. Sollte sich die Balance zwischen beiden verändern, würde der Satellit wegfliegen oder zur Erde fallen.

Der Meeresspiegel befindet sich in einem Gleichgewicht zwischen der Schwerkraft, die das Wasser zum Zentrum der Erde schiebt und der nach außen gerichteten Zentrifugalkraft, die sich aus der Rotation der Erde ergibt. Wäre das Gleichgewicht gestört, würden die Flüsse, Meere und Ozeane überschwappen, die meisten Tiere würden ertrinken und ein Großteil der Meeresbewohner würde aussterben.

Es würde verheerende Erdbeben und Vulkane geben, katastrophale Klimaveränderungen, die Dauer der Tage und Nächte würde sich ändern und das Spektrum der Temperaturen im Laufe eines Tages wäre größer, usw.

Eine andere Theorie besagt, dass sich die Rotationsgeschwindigkeit der Erde verringert hat, als sich der Durchmesser des Planeten aufgrund der Abkühlung des Magmas erhöht hatte. Damit hat sich das Gewicht von allem auf unserem Planeten drastisch erhöht, da sich die Zentripetalkraft, die der Schwerkraft entgegenwirkt, verringert hat, wobei alle großen Tiere kaputtgeschlagen und tödlich verletzt wurden.

Eine Variation dieser Hypothese legt nahe, dass Asteroideneinschläge die Drehgeschwindigkeit der Erde erhöht haben, so dass die Tiere und Pflanzen des Mesozoikums sehr groß wurden, da die Zentrifugalkraft der Schwerkraft entgegengewirkt hat. Als die Erde infolge des Impakts des Boliden seine Geschwindigkeit verlangsamt hat, konnten die monströsen Tiere das erhöhte Gewicht des eigenen Körpers nicht überleben und starben aus.

133. Dinosaurier wurden von Aliens getötet.

Im Jahr 1957 verkündigte der Wissenschaftsjournalist Jacques Bergier im französischen Fernsehen, dass die Dinosaurier von einer absichtlichen Supernova-Explosion ausgelöscht wurden, durch eine ausserirdische Super-Intelligenz, die den Säugetieren eine Chance geben wollte.

134. Wolke aus Eiskristallen.

Cirrus-Wolken sind Eiswolken in großer Höhe. Sie bilden sich in einer Höhe über 6.100 Meter (20.000 Fuß) und setzen sich aufgrund der sehr niedrigen Tem-peraturen in der Regel aus Eiskristallen zusammen.

Der Begriff Cirrus wird auch für bestimmte interstellare Wolken verwendet. Interstellare Cirruswolken bestehen aus winzigen Eiskristallen oder anderen gefrorenen Flüssigkeiten. Sie sind riesig und reichen von ein paar Lichtjahren bis zu Dutzenden von Lichtjahren. Interstellare Wolken enthalten auch Staub, Metalle aus der Platingruppe, wie Iridium, organische Stoffe, usw. Innerhalb der Wolken gibt es auch riesige Eisformationen mit verschiedenen Formen, meist lose Stücke von festem Eis.

Beim Eintritt in das Sonnensystem können sie auf zwei verschiedene Art und Weisen Ausrottungen herovrrufen: 1. Indem sie die Temperaturen der Atmosphäre der Erde für einen kurzen Zeitraum kolossal verringern, was zu heftigen Regenfällen führt, verunreinigt mit aller Art von interstellaren anorganischen und organischen Molekülen und mehreren riesigen Eisbrocken, die auf das Festland und die Ozeane des Planeten geschmettert werden. 2. Die Eiskristalle haben das Licht unserer Sonne reflektiert, was zu einer deutlichen Abkühlung des Klimas führte.

Die Treibhaus-Welt der Kreidezeit war sehr anfällig auf plötzliche Abkühlungen und die meisten der Arten starben aus. Viele tropische Pflanzen und Tiere sind heute völlig intolerant gegenüber Frost. Eisige Temperaturen, auch nur für ein paar Stunden, können sie töten.

135. Kalte Eier.

In China und einigen anderen Orten wurde eine Vielzahl von versteinerten, nicht ausgebrüteten Dinosaurier-Eiern aus verschiedenen Epochen gefunden. Es gibt weit mehr unausgebrütete Eier von Dinosauriern als von Reptilien.

In ihrem, im Jahr 2005 in der Zeitschrift *Biochemical and Biophysical Research Communications* veröffentlichten Artikel *"Unexpected amino acid composition of modern Reptilia and its implications in molecular mechanisms of dinosaur extinction"* schlugen Wang GZ, Ma BG, Yang Y. Zhang HY, einen möglichen molekularen Mechanismus für das Aussterben der Dinosaurier vor. Sie haben die Aminosäurezusammensetzung von vielen Tieren analysiert und haben festgestellt, dass die Aminosäuren der modernen Reptilien, die als Verwandte der Dinosaurier gelten, auffallend andersartig sind als die von anderen Klassen von Lebewesen.

Diese Hypothese besagt, dass die Proteine der Dinosaurier besonders empfindlich auf niedrige Temperaturen sind aufgrund der Aminosäurarten in ihren Körpern und Eiern.

Dieser Vorschlag erklärt auch, warum es diese große Anzahl nicht ausgebrüteter Dinosauriereier gibt, aus früheren Zeiten mit kleineren Kälteperioden.

Die Dinosaurier konnten nicht auf ihren Eiern sitzen, um sie, wie viele andere Tiere zu wärmen und ihre, auf niedrige Temperaturen, äusserst empfindlichen Eier konnten nicht ausbrütet werden. Das Ende der Dinosaurier begann mit ihren kalten Eiern.

136. Methan-Explosion.

Manchmal konnten stagnierende Ozeane extrem gefährlich sein und zu erstaunlichen Katastrophen führen, weil sie gefüllt waren mit großen Mengen an gelöstem Methan und anderen Gasen.

Gregory Ryskin, ausserordentlicher Professor an der North-West-University, an der er chemische Verfahrenstechnik lehrt, veröffentlichte im Jahr 2003 in seinem Artikel "*Methane-driven oceanic eruptions and mass extinctions*", in der Zeitschrift *Geology Magazine* eine Theorie über die Möglichkeit, dass Methanausbrüche und Explosionen zu Massenausrottungen führen.

Er schrieb: "Ich habe die Möglichkeit zu erkunden, ob die Massenausrottung durch eine extrem schnelle, explosive Freisetzung von gelöstem Methan (und anderen gelösten Gasen wie Kohlendioxid und Schwefelwasserstoff) die sich, mit einer Neigung zur Stagnation und Anoxie in den ozeanischen Wassermassen angesammelt haben, hervorgerufen werden kann. Terrestrische Ausrottungen werden von Explosionen und Großbränden verursacht, die der massiven Freisetzung von Methan folgen (das Luft-Methan-Gemisch ist bei Methankonzentrationen zwischen 5% und 15%)

explosiv, sowie durch die, von dem Ausbruch ausgelösten Fluten."

Der Explosionsmechanismus des Methans könnte auch andere Massenausrottungen, ein schnelle Abkühlung des Klimas, und sogar die biblische Flut erklären. Nach dem Gasausbruch sind die Ozeane übergelaufen und überfluteten große Landflächen. Das Methan in der Atmosphäre ist mit Wassertröpfchen beladen und es wird über das Land verbreitet, indem es das Wasser als schweren Regen verliert. Methan-Feuerstürme tragen Rauch und Staub in die obere Atmosphäre, was über einige Jahre dort bleibt. Die Dunkelheit und die deutliche Abkühlung können große Teile der Pflanzenmasse und die Tiere vernichten. In manchen Fällen könnte das Ergebnis der Methan-Katastrophe eine globale Erwärmung sein.

Ryskin legt nahe, dass es, nach dem Erwerb der Sprache durch die Menschen, mehrere kleinere Erup-tionen gegeben hat und in einer Reihe von alten Werken, wie die *Bibliotheca Historica* (*Historische Bibliothek*), eine immense Arbeit mit 40 Büchern von dem griechischen Historiker Diodor, werden Fluten beschrieben. *Das Gilgamesch-Epos* beschreibt das in Brand gesetzte Land, "erschüttert wie ein [Ton] Topf", in Dunkelheit getaucht, und überschwemmt. In *Genesis* "Alle Brunnen der grossen Tiefe brachen auf."

Ryskin behauptet, dass sich etwa 10.000 Gigatonnen von gelöstem Methangas in der Nähe des Meeresbodens unter sehr hohem Druck angesammelt haben könnten. Es könnte durch ein starkes Erdbeben extrem schnell freigesetzt worden sein. Die Methanexplosion wäre ungefähr 10.000-mal größer gewesen als der gesamte Vorrat von Atomwaffen auf der ganzen Welt. Die Explosionen, die massiven Grossbrände, die globale Flut, die gewaltigen Tsunamis, und die umgekippten Ozeane haben mehrmals Massenausrottungen verursacht.

Ryskin sagte: "Diese Energiemenge ist absolut atemberaubend. Sobald man diesen Mechanismus akzeptiert, wird deutlich, dass, wenn es einmal passiert ist, es wieder passieren könnte. Ich habe wenig Zweifel, es wird eine weitere Methan gesteuerte Eruption geben, wenn auch nicht im gleichen Umfang wie vor 251 Millionen Jahren, außer der Mensch greift ein."

Die größeren Eruptionen in großen Tiefen könnten Massenausrottungen und drastische Klimaveränderungen verursachen. Die kleineren können zu regionalen Ausrottungen führen und zu globalen Klimaänderungen.

137. Methan hat die globale Erwärmung ausgelöst.

Dies ist eine mildere Version der bisherigen apokalyptischen Theorie: die Massenausrottungen werden durch eine katastrophale Freisetzung von Methangas verursacht und durch eine massive Störung des globalen Klimas ausgelöst. In diesem Fall gibt es keine verheerenden Explosionen und weltweiten Fluten.

Im Jahr 2001 hat eine neue Studie der NASA von Gavin Schmidt et al. bestätigt, dass eine enorme Freisetzung von Methangas, das unter dem Meeresboden eingefroren war, die Erde vor 55 Millionen Jahren um bis zu 7°C (13°F) erwärmt hatte. Eine Bewegung der Kontinentalplatten, wie der indische Subkontinent, kann eine Freisetzung von Methan eingeleitet haben, die zur Katastrophe geführt hat. Die Hebung der tektonischen Platten würde den Druck am Meeresboden verringert und damit die große Methanfreisetzung verursacht haben.

Die meisten Forschungen, die vor dem Treibhauseffekt warnen, konzentrieren sich hauptsächlich auf Kohlendioxid, aber Methan ist als ein, in der Atmosphäre hitzeabfangendes Gas ungefähr 20-mal stärker.

Wenn Methan in die Atmosphäre gelangt, reagiert es mit Molekülen von Sauerstoff und

Wasserstoff, die sich mit Methan verbinden und es aufbrechen und dabei Kohlendioxid und Wasserdampf erzeugen; beide sind Treibhausgase.

Methan-Clathrat, auch Methanhydrat gennant, ist eine Form von Wassereis, das eine große Menge an Methan in seiner Kristallstruktur enthält. Große Vorkommen von Methanhydrat wurden unter den Sedimenten auf den Meeresböden der Erde gefunden.

Die steigenden Meerestemperaturen (und/oder Senkungen der Meeresspiegel) können eine plötzliche Freisetzung von Methan auslösen. Weil das Methan selbst ein starkes Treibhausgas ist, führt dies zu einem weiteren Temperaturanstieg der Umwelt und zu einer weiteren Destabilisierung von Methan-Clathrat. Einmal gestartet, ist der eingeleitete, unkontrollierbare Prozess irreversibel bis die Methanvorkommen erschöpft sind.

Einige Forscher warnen, dass die derzeitige globale Erwärmung irgendwann in der Zukunft zu einem ähnlichen Szenario führen könnte, wenn sich die Ozeane erwärmen.

Die Methan-Freisetzung aus den Ozeanen könnte auch durch Erdbeben ausgelöst werden, sowie durch Einschläge von Boliden in den Ozeanen, Bewegung der Kontinentalplatten, Änderungen der Ozeanspiegel, erhöhte globale Temperaturen, usw.

138. Erstickung durch Kohlendioxid.

Im Jahr 1986 kamen bei einem tödlichen Gasausbruch am Nyos-See in Afrika ungefähr 1.700 Menschen und 3.500 Nutztiere ums Leben. Sie erstickten bei mehr als 80 Millionen Kubikmeter Kohlendioxid.

Eine limnische Eruption, was auch als das Umkippen eines Sees bezeichnet wird, ist eine Naturkatastrophe, in der gelöstes Kohlendioxid plötzlich aus dem tiefen Seewasser hervorbricht und Menschen und Tiere zum Ersticken bringt.

Den Seen wird von unten vulkanisches Grundwasser zugeführt mit Kohlendioxid und/oder zersetztem organischen Material. Eine Schicht aus gasgesättigtem Wasser sammelt sich auf dem Seegrund an, wo der hohe Druck dem Wasser ermöglicht, große Mengen an Kohlendioxid zu lösen. Sobald der See gesättigt ist, ist es sehr instabil.

An einem gewissen Punkt, können durch einen Erdrutsch, starke Stürme, Dürre, Erdbeben, ein Vulkanausbruch oder durch Erhöhung der Temperatur große Mengen des gelösten Kohlendioxids freigesetzt werden.

Kohlendioxid ist schwerer als Luft und die unsichtbare Flut des erstickenden Gases tötet jedes Tier und jeden Mensch auf seinem Weg.

Augenzeugen der Katastrophe sagten, eine Wasserfontäne habe 150 Meter Höhe (500 Fuß) in der Luft erreicht und habe den ganzen der Bereich mit einem tödlichen Nebel umwickelt.

Eine Untersuchung der geologischen Geschichte des Kivusees lässt sporadische, massive biologische Ausrottungen auf tausendjährigen Zeitskalen erkennen.

In dem heißen Klima der Kreidezeit, geschah das Erstickungs-Szenario durch Gas auf viel größerem Maßstab. Die tiefen Wasser des Ozeans sind umgekippt, und es wurden riesige Mengen an Kohlendioxid in die Atmosphäre freigesetzt, wobei die meisten Arten erstickten.

Wenn das freigesetzte Kohlendioxid keine ausreichend hohen Werte erreicht hat, um die Landtiere sofort zu töten, könnte es ausreichend gewesen sein, um einen signifikante Treibhauseffekt auszulösen, der die Massenausrottung hervorgerufen hat.

139. Vergiftung durch Schwefelwasserstoff.

Nach den Berechnungen der Geowissenschaftlern Lee Kump und Michael R. A. Arthur der Pennsylvania State University, begünstigt eine Verringerung des Sauerstoffgehalt in den Ozeanen die Vermehrung von anaeroben Tiefsee-Bakterien, welche enorme Mengen an Schwefelwasserstoff produzieren. Überschreiten die Schwefelwasserstoffkonzentrationen die kritische Schwelle, brechen riesige Blasen des giftigen Gases in die Atmosphäre hervor und vergiften Pflanzen und Tiere. Schwefelwasserstoff gilt als Breitspektrum-Gift, auch wenn das Nervensystem am stärksten betroffen ist. Modelle von Alexander Pavlov von der Universität von Arizona zeigen, dass der Schwefelwasserstoff auch die Ozonschicht zerstören kann, die das Leben vor der schädlichen UV-Strahlung schützt.

140. Bewegung von tektonischen Platten.

Kontinente bewegen sich langsam und gleichmäßig, aber sie können plötzlich anfangen, sich in eine neue Richtung zu bewegen. Nach Ansicht einiger Forscher, erfolgte eine derart bedeutende Verschiebung der Bewegung von tektonischen Platten vor etwa 66 Millionen Jahren und dies veränderte schnell und drastisch die Umwelt. Die tektonischen Platten haben sich auseinander bewegt, was zu einer größeren Gebirgsbildung führte und die Kontinenten fingen an, sich dem zu ähneln, was sie heute sind. Die Ozeane erfuhren eine Regression. Sie sind von dem Festland zurückgewichen. Die Meeresströmungen und das Klima haben sich verändert. Die Meeresströmungen können über große Entfernungen fließen und schaffen dabei die große Strömung des globalen Förderbands, das eine dominierende Rolle bei der Determinierung des Klimas auf der Erde spielt. Die Saisonalität hat sich erhöht. Die warme, immergrüne Landschaft, die reichlich Nahrung für Billionen riesiger Tiere bot, wurde Geschichte.

Die Dinosaurier starben nach und nach aus, wegen der klimatischen Abkühlung und den damit einhergehenden Veränderungen in der Vegetation aufgrund der Plattentektonik. Nur ein Viertel der Arten konnte sich erfolgreich an die neuen Bedingungen anpassen.

141. Dunkle Materie.

Die dunkle Materie ist noch immer eine geheimnisvolle Komponente des Universums, welche den größten Teil der Masse im Universum ausmacht. Die gesamte Masse-Energie des bekannten Universums enthält ungefähr 5% gewöhnliche Materie, 27% dunkle Materie und 68% dunkle Energie.

Das Modell der Massenausrottung durch dunkle Materie wurde im Jahr 1998 von Samar Abbas, Afsar Abbas, und Shukadev Mohanty in dem Artikel *"Double Mass Extinctions and the Volcanogenic Dark Matter Scenario"* veröffentlicht.

Die Milchstraße wird von einem Halo aus Dunkler Materie umhüllt, und die Erde erfährt einen Wind von WIMPS (schwach wechselwirkende massive Teilchen), da das Sonnensystem sich durch die Galaxie hindurch bewegt. Massenausrottungen ereignen sich dann, wenn der Planet auf sehr dichte, verklumpte dunkle Materie trifft.

Regelmäßig, etwa alle 30 Millionen Jahren passiert die Erde durch dichte Klumpen von dunkler Materie. Die Zeit des Durchgangs beträgt ungefähr ein paar Jahre.

Gemäß dieser Theorie gibt es zwei Ausrottunswellen. Die erste war das Ergebnis von schweren genetischen Mutationen und die Arten sind massiv an Krebs gestorben.

Konstantin Zioutas von der Universität Thessaloniki in Griechenland, berichtete im Jahr 1990 in seinem Artikel "*Evidence of dark matter from biological observations*" über die Wirkung der dunklen Materie auf lebende Organismen, und stellte fest, dass dunkle Materie für Mutationen und Krebserkrankungen in Lebewesen verantwortlich sein kann.

Die zweite Welle, die sich ein paar Millionen Jahre verzögert hatte, wurde durch intensive vulkanische Aktivität verursacht, weil der Erdkern durch den Durchgang von verklumpter dunkler Materie erhitzt wird. "Die Akkumulation und

Vernichtung von dunkler Materie im Zentrum der Erde aufgrund des Durchgangs eines Klumpens führt zu überschüssiger Wärmeerzeugung mit dem darauf folgenden Ausstoß von Superplumes, gefolgt von massivem Vulkanismus und den damit verbundenen Massenausrottungen."

Die Autoren dieser Theorie legten nahe, dass die dunkle Materie die Ursache der großen periodischen Massenausrottungen in der Geschichte der Erde sein könnte, sowie der einzigartige Doppelimpuls der Ausrottung für jeden der Fälle.

142. Meteoritenhagel.

Eine große Anzahl von relativ kleinen Meteoriten ist in die Erde eingeschlagen und das hat zu zahlreichen Flächenbränden geführt und die Atmosphäre erwärmt. Die langanhaltenden Rauchwolken verhinderten eine normale Photosynthese und die meisten Pflanzen gingen zugrunde. Die Nahrungskette wurde stark gestört und eine große Anzahl der Tiere ist verhungert. Die darauffolgende kleine Eiszeit verminderte die Arten weitgehend.

143. Vermehrung von Pilzen.

In seinem, im Jahr 2005 veröffentlichten Artikel "*Fungal virulence, vertebrate endothermy, and dinosaur extinction: is there a connection?*", präsentiert Arturo Casadevall die Theorie, dass Pilzerkrankungen zum Untergang der Dinosaurier und dem Gedeihen der Säuger-Spezies beigetragen haben könnten.

Die sehr schnelle Entwicklung von Pilzen, vor allem der giftigen Arten, hat enorm zum Untergang der Dinosaurier beigetragen, die sehr anfällig für Pilzkrankheiten waren, genauso wie die modernen Reptilien. Pilze sind häufige Krankheitserreger bei Insekten, Amphibien und Pflanzen.

Säugetiere sind von Natur aus resistent gegen Pilzkrankheiten, weil sie Warmblüter sind.

Arturo Casadevall schrieb: "Es stellt sich die Frage, wenn Reptilien bisher so erfolgreich gewesen sind, warum haben sie dann nicht reklamiert, dass die Erde ein zweites Reptilienzeitalter lanciert? Es ist schwierig, sich vorzustellen, wie Säugetiere die Reptilien als die dominierenden Landformen ersetzt haben könnten, ohne einen Auswahlmechanismus für diesen energetisch kostspieligen Lebensstil. Dies führte mich zu der Hypothese, dass die Pilzverbreitung nach den Zerstörungen des KT-Ereignisses bevorzugt die pilzresistenten Warmblütler auserwählt hat und damit ein erneutes Auftreten eines zweiten Reptilienzeitalters verhindert hat."

144. Elektromagnetischer Impuls.

Ein starker elektromagnetischer Impuls vom Kern der Erde hat die Ozonschicht zerstört. Die Flora und die Fauna wurden von der hohen Strahlung und dem veränderten Klima getötet.

Das Magnetfeld der Erde wird durch starke elektrische Ströme in dem leitenden Material des Kerns erzeugt, durch Konvektionströmungen aufgrund des Wärmeaustritts aus dem Kern. Manchmal wird der Kern durch innere Vorgänge gestört, wobei ein starker elektromagnetischer Impuls erzeugt wird.

145. Nahvorbeiflug.

Ein dichter Vorbeiflug von einem riesigen Asteroiden oder Kometen hat einen Teil der Atmosphäre der Erde gestreift. Der Luftdruck wurde plötzlich viel niedriger, und die Tiere wurden kurzatmig. Das Klima wurde kälter und die Saisonalität erhöhte sich. Die schützende Ozonschicht wurde zerstört. Nur ein kleiner Teil der Flora und der Fauna konnte die Änderungen überleben.

146. Kombinierte Wirkung von Schadstoffen.

Die Untersuchung von versteinerten Knochen und Eiern der Dinosaurier zeigen ein hohes Maß an einigen giftigen Spurenelementen.

Li Kui, Kurator des Museums des Polytechnischen College Chengdu in China sagte: "Der Gehalt an Arsen, Chrom und anderen Spurenelementen in den fossilen Knochen ist offenbar hoch. Es ist sehr wahrscheinlich, dass die Dinosaurier zu viel von den Pflanzen zu sich genommen haben, die die tödlichen Elemente enthalten haben."

Die Quellen für solche Verschmutzungen könnten Vulkane, Flächenbrände, Kohlefeuer sein, das Verbrennen von fossilen Brennstoffen (Kohle, Öl oder Gas), massiver biologischer Zerfall, Weltraumkörper oder kosmische Molekülwolken. Bis zum Ende der Kreidezeit gab es riesige Mengen an offenen Ablagen von toten Pflanzen, Torf und Kohle. Auch die Verdampfung von Arsen, Selen, Antimon bei der Kohleverbrennung und Pyrolyse der Kohle könnte eine ernsthafte Quelle der Schadstoffbelastung sein.

Verunreinigungen aus dem Weltraum könnten ebenfalls regelmäßig große Gruppen von Tieren und Pflanzen venichten. Es gibt riesige Wolken von allen Arten von Chemikalien rund um den Kosmos und manchmal durchquert das

Sonnensystem solche Agglomerate und verschmutzt dabei sehr stark die Atmosphäre, die Landschaft, das Meer und den Planeten.

Die Flora und die Fauna am Ende der Kreidezeit wurden von Arsen, Osmium, Iridium, Chrom, Cyanid, Nickel, usw. vergiftet.

Höhere Konzentrationen dieser toxischen chemischen Elemente wurden in dem KP-Grenzton und in den Fossilien gefunden.

147. Eine holographische Panne oder einfach nur ein Code.

Das Holographische Universum: Die Welt in neuer Dimension von Michael Talbot ist eines der spannendsten Bücher unserer Zeit. Der Autor schreibt, dass "es Hinweise darauf gibt, dass unsere Welt und alles in ihr. . . auch nur geisterhafte Bilder, Projektionen von einer Ebene der Realität sind, die sich so weit über unserer eigenen befinden, buchstäblich jenseits von Raum und Zeit."

Der Physiker David Bohm und der Neurophysiologe Karl Pribram, sind beide unabhängig voneinander beim holographischen Modell des Universums angekommen.

Es gibt viele Implikationen dieser Theorie. Das holographische Modell des Universums kann in zweierlei Hinsicht auch die Ausrottung der Dinosaurier erklären. Erstens, die KP-

Massenausrottung war nur ein Fehler, eine kurz-
lebiger Fehler im System. Zweitens, sind Massenausrottungen Teil des Codes des Systems. Es gibt
immer noch keine Erklärung dafür, ob dieses
selbsterhaltende und selbstgesteuerte System unter externer Leitung läuft, oder ob es sich um ein
völlig geschlossenes System handelt.

Leonard Süsskind, ein theoretischer Physiker an der Stanford University, ist einer der ersten
Theoretiker, der die Idee des holographischen
Universums erforscht. Er ist einer der Gründer der
Stringtheorie. Süsskind sagte, dass die Arbeit des
japanischen Forschers Yoshifumi Hyakutake und
seiner Kollegen der Universität Ibaraki in dem, im
Jahr 2013 veröffentlichten Artikel *"Quantum Near
Horizon Geometry of Black 0-Brane"* "vielleicht zum
ersten Mal zahlenmässig bestätigt, dass, das, wo-
rüber wir uns ziemlich sicher waren, das es wahr
ist, jedoch immer noch eine Vermutung ist."

Mehrere Forscher behaupten, dass sie das
holographische Modell unseres Universums experimentell getestet und bewiesen haben.

148. Alkohol aus dem Weltraum und Grill.
Das Sonnensystem, welches das Zentrum
der Galaxie umkreist, durchläuft verschiedene
interstellare Wolken, die alle Arten von Molekü-

len, einschließlich brennbare Gase, Alkohol usw., enthalten.

Die britischen Wissenschaftler Tom Millar, Geoffrey MacDonald, und Rolf Habing sagten, dass die Wolke, die sich in der Nähe der Konstellation Aquila (der Adler) befindet, genug Alkohol enthält, um 400 Billionen Liter Bier einzuschenken, die derzeit im Weltraum verloren sind. Ihren Schätzungen zufolge könnte die Größe dieser Wolke ungefähr 1000-mal dem Durchmesser des Sonnensystems entsprechen.

Glücklicherweise hat die Erde vor 66 Millionen Jahren eine solche Alkoholwolke durchlaufen und alle Lebewesen der Kreidezeit, einschließlich der Dinosaurier, wurden durch das Einatmen von Alkohol ständig berauscht. Sie begannen die ganze Zeit über zu kämpfen und waren hauptsächlich an Promiskuität interessiert (die häufige Praxis von beiläufigem Sex mit unterschiedlichen Partnern oder die Wahllosigkeit bei der Auswahl der Geschlechtspartner). Sie vergaßen zu fressen, ihre Moral verminderte sich. Dann trat die Erde in eine Region einer viel höheren Alkoholkonzentration ein und die gesamte Atmosphäre begann zu brennen. Der Sauerstoffgehalt war zu dieser Zeit sehr hoch, mehr als 30% oder sogar noch höher (jetzt liegt er bei nur 21%) und die größte Grillparty, die es jemals auf unserem Planeten gegeben hat verschmorte fast alle Arten.

Was für eine Verschwendung von Alkohol! Was für eine Verschwendung von gegrilltem Fleisch und Gemüse!

Auf der anderen Seite, finden die Forscher keine versteinerten Tierknochen in der KP-Grenzschicht. Vielleicht haben einige Lebewesen trotzdem geschlemmt und haben all die leckeren Berge von Fleisch und zart gegrillten Knochen gefressen, im Gegensatz zu der Überzeugung, dass die meisten Tiere nach der Katastrophe der Kreidezeit an Hunger gestorben sind. Nach dem Grill-Ereignis hat die Erde ihre Passage durch die Alkoholwolke fortgesetzt und die Überlebenden genossen endlos kostenlose Getränke und monströse Mengen an gegrilltem Fleisch. Die Welt des Mesozoikums endete nicht mit einem Wimmern, sondern mit dem größten Fest in der Geschichte dieses Planeten.

Nota Bene

Der einzige Weg, auf dem unsere Zivilisation überleben und gedeihen kann, ist den Weltraum zu besiedeln und auf die Erde zurückzukehren, sowie in die neuen Kolonien, um sie nach einer Naturkatastrophe oder einem Zusammenstoß mit einer anderen Zivilisation wiederherzustellen.

In der unmittelbaren Zukunft sollte die Menschheit mächtig genug werden, um die Umlaufbahnen der gefährlichen Weltraumkörper zu steuern.

Viel Glück Menschheit! Sie werden alles Glück des Universums brauchen, weil Sie Naturkatastrophen im großen Stil und unzähligen mächtigen Feinden begegnen werden.

Diskussion (eher Fragen ohne Antworten)

Wenn Sie an etwas oder irgendetwas glauben, dann sollten Sie dies besser nicht lesen! Wenn Sie denken, dass die heutige Wissenschaft die Antworten kennt, dann machen Sie sich bitte nicht die Mühe, diese paar Sätze zu lesen!

Bei der Analyse der Massenausrottung der Kreidezeit, ihrer Funktion und den Auswirkungen auf die Evolution auf der Erde im Zusammenhang mit der Gesamtentwicklung des Universums und der Intelligenz stoßen wir zwangsläufig auf Fragen, die sich mit der grundlegenden Natur des Seins und der Welt um uns herum befassen.

Was ist letztlich da? Wie ist es wirklich? Ist die Evolution des Lebens und der Intelligenz auf unserem Planeten unter der Kontrolle einer höheren Intelligenz?

War die KP-Katastrophe wirklich ein Unfall, oder wurde sie entwickelt, um die Entstehung und Entwicklung der Intelligenz zu beschleunigen? Befinden wir uns unter einer strengen, konstanten entwicklungsgeschichtlichen Kontrolle? Was könnte das Ausmaß dieser Kontrolle sein? Wer oder was ist die mögliche beherrschende Instanz?

Hat unser Universum Eigenschaften und Evolutionsmuster aus seinem übergeordneten Universum geerbt?

Die bisherigen Entwicklungen unseres Universums, die sich besonders oft zugetragen haben, könnten vererbbare Evolutionsmuster zurücklassen. Die Entwicklung der Menschen vor uns ist in unserem Genom niedergeschrieben. Unsere Gene gestalten uns. Gestaltet und steuert irgendeine geerbte Information das Universum, das Leben und uns?

Die Menschen werden von der vererbbaren DNA gesteuert, durch die Gesellschaft, Traditionen, Familie, Kenntnisse, Staat, Steuerbehörden, usw. Wer (keine Menschen hier), oder was steckt hinter den mehrfachen, höheren Ebenen der Kontrolle, die uns noch verborgen sind? Was ist das ultimative Ziel?

Noch immer haben wir nichts als Fragen. Jedoch ist dies der erste Schritt zu den Antworten.